灌溉水有效利用系数
测算分析理论方法与应用

水利部农村水利司
中国灌溉排水发展中心　编著

中国水利水电出版社
www.waterpub.com.cn
·北京·

图书在版编目（ＣＩＰ）数据

灌溉水有效利用系数测算分析理论方法与应用 ／ 水
利部农村水利司，中国灌溉排水发展中心编著. -- 北京 ：
中国水利水电出版社，2018.1
ISBN 978-7-5170-6321-6

Ⅰ．①灌… Ⅱ．①水… ②中… Ⅲ．①灌溉水－利用
系数－研究 Ⅳ．①S273

中国版本图书馆CIP数据核字(2018)第031805号

审图号：GS(2018)2014 号

书　　名	灌溉水有效利用系数测算分析理论方法与应用 GUANGAISHUI YOUXIAO LIYONG XISHU CESUAN FENXI LILUN FANGFA YU YINGYONG
作　　者	水 利 部 农 村 水 利 司　编著 中国灌溉排水发展中心
出版发行	中国水利水电出版社 （北京市海淀区玉渊潭南路 1 号 D 座　100038） 网址：www. waterpub. com. cn E - mail：sales@ waterpub. com. cn 电话：（010）68367658（营销中心）
经　　售	北京科水图书销售中心（零售） 电话：（010）88383994、63202643、68545874 全国各地新华书店和相关出版物销售网点
排　　版	中国水利水电出版社微机排版中心
印　　刷	天津嘉恒印务有限公司
规　　格	170mm×240mm　16 开本　13.5 印张　265 千字
版　　次	2018 年 1 月第 1 版　2018 年 1 月第 1 次印刷
印　　数	0001—2000 册
定　　价	**56.00 元**

凡购买我社图书，如有缺页、倒页、脱页的，本社营销中心负责调换
版权所有·侵权必究

内 容 提 要

本书是近年来灌溉用水效率分析评价的最新成果，系统论述灌溉水有效利用系数相关知识与理论，全面阐述灌区与区域灌溉水有效利用系数测算分析方法与应用，分析研究不同尺度灌溉水有效利用系数关键影响因素、阈值及灌溉节水潜力，从而建立起系统的灌溉水有效利用系数测算分析理论基础与技术体系。全书共分为 7 章，主要包括灌溉用水效率指标内涵、测算分析方法研究、测算分析网络构建、测算分析软件与信息管理系统开发、灌溉水有效利用系数关键影响因素分析、灌溉水有效利用系数阈值初步分析等内容。

概况起来，本书主要在以下几个方面取得了重要进展。

（1）提出了全国、区域、灌区不同尺度灌溉水有效利用系数测算分析与评价系统理论框架。为满足不同尺度灌溉水有效利用系数评价需求，提出以灌溉用水量为权重，通过点面空间尺度延展与函数转换，实现不同尺度灌溉水有效利用系数测算分析和科学评价的理论框架。

（2）提出了灌区灌溉水有效利用系数多要素综合首尾测算分析法。针对传统测算分析方法应用中存在的难题，从灌溉用水有效利用系数定义出发，综合考虑多水源供水、多用户用水、跨年度取水、洗碱和套种用水、充分和非充分灌溉等多过程复杂要素，提出系统科学、理论性强，具有较强可操作性和广泛适用性的灌区灌溉水有效利用系数测算分析与评价系统方法。

（3）采用非概率抽样中的配额抽样方法，分全国、省级区域、灌区 3 个层次，确定了样点灌区，构建了由不同规模与类型样点灌区组成的全国灌溉水有效利用系数测算分析与评价网络。

（4）研究开发了基于互联网的省级和全国两级灌溉水有效利用系数信息管理系统，动态跟踪评价了 2006 年以来各年度不同样点灌区、省级区域以及全国不同尺度的灌溉水有效利用系数变化，为国家政府部门宏观决策、用水管理、发展规划、最严格水资源管理制度实施等工作提供了科学依据。

（5）初步探讨了典型灌区基于工程经济、生态环境等综合要素的灌溉水有效利用系数阈值分析方法，以此为基础，初步提出了全国和省级区域灌溉水有效利用系数阈值及其提高潜力。

Abstract

As the latest achievement of analysis and assessment of irrigation efficiency in recent years, this book attempts to systematically discuss the knowledge and theories on irrigation water utilization efficiency, to fully elaborate on the analytical method of the efficiency within irrigation districts and regions and its application, and to analyze and study the key contributory factors, the threshold value, and the water-saving potential, and in this way to form a theoretical foundation and a technical system for the measuring and analysis of the efficiency. The whole book is divided into seven chapters, including the connotation of irrigation water use efficiency indicators, the research on measuring and analytical methods, the construction of measuring and analytical network, the development of measuring and analytical software and information management system, the analysis of key contributory factors of irrigation water utilization efficiency, the preliminary analysis of the threshold of irrigation water utilization efficiency and so on.

The main progresses made by this book are summarized as follows.

(1) The theoretical framework for the measurement and evaluation of the irrigation water utilization efficiency on national, provincial and irrigation district scales is proposed. The framework is constructed through spatial scale expansion of points and faces and function transformation by applying the amount of irrigation water as the weight. Its establishment is to meet the demand for assessing the coefficient on different scales.

(2) A multi-factor head-end measurement and analysis method for the irrigation water utilization efficiency in irrigation districts is put forward. Aiming at solving the problems in the application of traditional measurement and analysis methods, the research proposes a measurement and analysis method that is systematic, scietific, and feasible. This method is based on the definition of the coefficient. Meanwhile, complex factors of various procedures including water supply from multiple sources, water consumption by multiuser, irrigation spanning more than one year, irrigation for dealkalization or interplanting, and sufficient or insufficient irrigation are also taken into account.

(3) The sample irrigated regions of the national, provincial, and irrigation district levels are determined through quota sampling of the non-probability sampling method. Moreover, the study establishes a national measurement, analysis, and evaluation network for irrigation water utilization efficiency that consists of sample irrigation regions of different scales and types.

(4) The information management system for irrigation water utilization efficiency at provincial and notional levels is developed based on the Internet. On this basis, dynamically evaluates the annual variations of the water utilization efficiency of sample irrigated regions, provincial regions, and the whole nation have been dynamically evaluated since 2006. The results provide scientific bases for the government's decision-making, water utilization management, development planning, and the implementation of the strictest water resources management.

(5) It preliminarily discusses the analysis method of threshold value for the water utilization efficiency in typical irrigation districts based on comprehensive factors including engineering economy and ecological environment. Then, on this basis, it puts forward the threshold value of the efficiency on national and provincial levels and discusses increasing potential of water utilization efficiency.

本书编委会

前言

PREFACE

　　人多地少水缺、降水时空分布不均是我国的基本国情水情，水资源供需矛盾是制约社会经济可持续发展的主要因素之一，不断提高有限水资源的利用效率和效益将是今后相当长时间的一项战略任务。我国灌溉用水量占用水总量的 60％ 左右，是用水大户，但灌溉用水效率低，节水潜力大。中华人民共和国国民经济和社会发展"十一五""十二五""十三五"规划纲要均对灌溉水有效利用系数提出目标要求，到 2020 年灌溉水有效利用系数达到 0.55 以上。根据《全国节水灌溉规划》，到 2020 年，在扩大有效灌溉面积、新增粮食生产能力 500 亿 kg 的条件下，灌溉用水总量维持在 3600 亿 m^3 左右，灌溉水有效利用系数提高到 0.55 以上。2012 年，国务院颁布《关于实行最严格水资源管理制度的意见》中提出水资源"三条红线"管理，对用水总量和灌溉水有效利用系数提出了红线指标，到 2030 年，全国用水总量控制在 7000 亿 m^3 以内，灌溉水有效利用系数达到 0.6 以上。

　　灌溉用水过程复杂，涉及因素较多，灌溉用水效率与工程设施、用水管理和灌溉技术等诸多因素有关。为了科学评价灌溉用水效率与节水灌溉发展成效，科学界定灌溉用水效率指标内涵，统一规范测算分析方法，动态监测灌溉用水效率变化，深入研究灌溉用水效率的影响因素和有效提升途径，合理确定全国和不同区域灌溉用水效率提高潜力，研究探讨基于经济合理技术可行、生态友好的灌溉用水效率阈值（合理上限值），均有重要的现实意义。

　　根据实际工作需要，水利部于 2006 年正式启动全国灌溉用水效率测算分析工作，利用水利前期项目、社会公益项目和水资源费项目等渠道经费，开展相关研究和测算分析工作，取得了丰富成果，为国家和水利行业制定发展规划与相关重大政策提供了技术支持和科学依据。

本书是近年灌溉用水效率测算分析研究成果的总结与提炼，主要包括灌溉用水效率指标内涵、测算分析方法研究、测算分析网络构建、测算分析软件与信息管理系统开发、"十一五"灌溉用水效率测算分析实例、灌溉用水效率关键影响因素分析、灌溉用水效率阈值初步分析等内容。"十一五""十二五"期间，在水利部农水司的指导下，在水利部国际合作与科技司、水资源司的大力支持下，中国灌溉排水发展中心负责测算分析相关具体技术工作，31个省（自治区、直辖市）和新疆生产建设兵团利用本书介绍的测算分析方法，开展了本区域的灌溉用水效率测算分析工作。据不完全统计，每年参与该项工作的人员逾万人。

本书由韩振中、冯保清、裴源生、崔远来、高峰编著，崔静、武前明、陆垂裕、赵勇、吴迪参与编写。全书由韩振中、冯保清统稿。

在本书编写过程中，冯广志、李英能、赵竞成等对本书提出了许多宝贵意见和诚挚建议，在此表示衷心感谢！书中引用了有关文献和各地测算分析成果，在此一并表示感谢！

由于编写人员水平所限，书中难免有疏漏和不妥之处，敬请读者批评指正。尝蒙赐教，不胜感荷！

编者

2017 年 6 月

目录

CONTENTS

CONTENTS

第1章 绪 论

1.1 灌溉用水效率相关术语

20世纪50年代，国外提出了"灌溉效率"这一概念。Israelsen定义灌溉效率为灌溉农田或工程中作物消耗的灌溉水量与从河流或其他自然水源引入农田渠道工程或渠系的水量之比。1977年国际灌排委员会提出了灌溉效率标准，该标准将总灌溉效率划分为输水效率、配水效率和田间灌水效率，总灌溉效率为三者之积。之后一些学者又提出了储水效率和田间潜在灌水效率等灌溉效率指标。

国际灌排委员会将田间灌水效率定义为：为维持作物生长要求的最低土壤湿度所需要的水量与灌入田间的水量之比。但该指标对采用淹灌的水田并不适用；而且由于为维持作物生长要求的最低土壤湿度所需要的水量难以准确确定，因此对于旱作农田在实际应用时也存在困难。

目前国外使用与灌溉用水效率相关的术语，主要有灌溉效率（irrigation efficiency）、灌溉水利用（效）率（efficiency of irrigation water use）、水分生产率（water productivity）、作物水分利用效率（crop water use efficiency）、水分消耗百分比等，其中作物水分利用效率与水分生产率的含义类似。

国际上通用的表述方式是"效率"，而国内习惯用"系数"反映灌溉水的利用程度。我国SL 56—2013《农村水利技术术语》定义灌溉水利用系数为：灌入田间可被作物利用的水量与渠首引进的总水量的比值。郭元裕主编《农田水利学》上的定义与此类似。从定义本身来说，我国的"灌溉水利用系数"与国际上常用的"灌溉效率""灌溉水利用率"是一致的。但在《农田水利学》中，"灌溉水利用系数"出现在"灌溉渠道流量推算"章节中并给出了定义解释。之所以引入以上定义，主要目的是为了进行渠道设计流量的推算，且并没有专门的章节对灌溉用水效率相关术语进行定义和描述。在国内现有权威出版物中也没有对国外广泛使用的灌溉效率进行专门定义和解释，只是认为其含义与灌溉水利用系数相似。

GB/T 50363—2006《节水灌溉工程技术规范》对渠系水利用系数定义为：末级固定渠道输出流量（水量）之和与干渠首引入流量（水量）的比值，对田间水利用系数定义为：灌入田间可被作物利用的水量与末级固定渠道放出水量的比值，将灌溉水利用系数定义为：灌入田间可被作物利用的水量与渠首引进的总水量的比值。因此，灌溉水利用系数应等于渠系水利用系数与田间水利用系数的乘积。

从微观层面，"灌入田间可被作物利用的水量"很难准确界定。比如水田蓄在田间的表层水，旱田蓄在作物根系层的土壤水，一部分满足作物生态需求，另一部分满足作物生理需求，而田间水分生态环境对作物的生理生长起着抑制或促进作用。灌溉到田间的水量，主要通过作物蒸腾、棵间蒸发、土壤深层渗漏等途径被消耗掉。对于绝大多数灌溉农田，棵间蒸发是未被作物直接利用的水量，但又是不可避免的农田水分消耗，可能为无效消耗，也可能有利于田间小气候形成和作物生长，为有效消耗。分析界定非常复杂而难以操作，超出了节水灌溉工程的研究范畴。

灌溉水从水源取水到田间灌溉，从满足作物生理生态消耗到形成作物产量，主要经过以下 4 个环节：①通过渠道或管道将水从水源输送至田间；②将引至田间的灌溉水，尽可能均匀地分配到所指定的灌溉面积上转化为土壤水；③作物吸收、利用土壤水，以维持其正常生理活动；④通过作物复杂的生理过程，形成作物产量。前两个环节表现为将水从水源输送到田间并储存于作物根系层，其效率用无因次的百分比或小数表示，比如灌溉效率、灌溉水利用（效）率、灌溉水利用系数；后两个环节则是使作物高效利用土壤水以提高产量，其效率常用单方水的粮食产出（kg/m^3）表示，比如灌溉水分生产率、水分生产率。作物灌溉的最终目的是提高作物的产量和品质，"灌溉效率"类指标表达了多少水可以输送到田间、并储存于作物根系层被作物所利用，而"水分生产率"类指标则表达作物吸收和利用水分（可能包括有效降水、地下水利用等）形成产量过程中的效率。前者主要适用于从工程角度出发，对灌溉系统的水利用效率进行评价，后者适用于作物栽培、耕作管理、田间水分运动和转化效率的评价。只有两者都高效，灌溉行为才是高效的。从广义上理解，描述灌溉用水效率的指标包括所有与灌溉水利用的效率及效益有关的指标，诸如灌溉效率、灌溉水利用（效）率、灌溉水分生产率、水分生产率、水分消耗比例及水分有益消耗比例等。

在国内，对表示灌溉用水效率术语的理解和使用不甚统一，也不规范。除灌溉水利用系数外，国内经常使用的表征灌溉用水效率的指标还有作物水分利用率、水分生产率，而灌溉水利用率、灌溉水有效利用系数等术语也常在文献或报告中出现。这些指标从不同角度描述灌溉水的利用效率。同时，由于出发点和侧重面的差异，使得有关灌溉用水效率的研究变得更加多样化。在实际工作中，为了避免使用相近的术语而其概念、内涵不同而造成歧义与误解，应该对表示灌溉用水效率的术语与定义进行规范和统一，在学术界应该深入研究、广泛讨论、达成共识，确定准确、规范的术语，为农田灌溉与水资源管理提供科学基础。

1.2　灌溉用水效率相关研究现状与问题讨论

1.2.1　IWMI 提出的灌溉用水效率评价指标体系

　　鉴于国际水资源问题日益突出，大尺度水循环研究特别是流域水文循环研究越来越受到学术界的重视，其中流域的灌溉排水行为对流域水循环影响重大。国际水管理研究院（IWMI）近 20 年来将工作重点从灌溉用水管理转向了流域水资源的管理，其机构名称也从国际灌溉管理研究院（IIMI）改为国际水管理研究院。他们从水资源利用的角度分析传统灌溉效率分析与评价的弊端，并提出新的灌溉用水效率评价理念。Molden 提出水量平衡的分析框架，确定了该框架模型在田间、灌溉系统以及流域 3 个尺度范围内进行水量平衡分析的具体过程，并提出进行水资源利用效率评价的 3 类指标，即水分生产率、水分消耗百分率和水分有益消耗百分率。基于这一框架，IWMI 研究人员先后针对多个流域开展实际研究，其中 Molden 在原有基础上又提出相对水量供应比和相对灌溉水量供应比两个指标。实际上，即使考虑基于水量平衡框架下的灌溉用水效率指标体系，以及尺度效应对指标的影响，对不同尺度下的效率指标进行量化也是一个重要而又复杂的问题。这些指标中的各类水量要素的数值主要是通过水量平衡观测确定的，对小尺度只需开展田间水量平衡观测，而对于中等尺度、大尺度，则需针对灌区或流域，选择一些大面积典型水量平衡区进行观测，这种观测牵涉的因素较多，观测较困难，有些要素难以直接观测而需借助于数学模型进行模拟分析取得。在大尺度上则需借助遥感技术进行相关水平衡要素的估算。正如 Droogers 指出的，随着评价指标研究的发展，已逐渐能够运用一些比较简单的比例来描述水分生产率，与传统灌溉效率相比具有两方面的优势：①包含了非农业的水资源利用；②农业用水与其他用水之间的内在关系更清楚。但是正确估算这些指标需要在不同尺度下的详细数据（往往很难直接获取），一般应用模拟及遥感技术在一定程度上来弥补这种缺陷。

　　IWMI 指标量化的基础仍是水量平衡模型，但其强调在不同尺度上获得水量平衡要素方法的区别，明确尺度效应对节水的影响。尽管水量平衡框架已经比较完整清晰，但不同尺度范围回归水的再利用、再利用的及时性和经济性，是难以确定但又不可回避、需要深入研究的问题。IWMI 所提出的 3 类指标是否可以满足节水灌溉评价的需要，其适用性和可应用性如何还需要进一步探讨。

1.2.2　灌溉效率

　　1979 年，美国 Interagency Task Force 组织在对一些研究灌溉效率所得到田间数据和相关研究结果进行综合分析的基础上提出，鉴于针对传统灌溉效率的理解有许多偏差和自相矛盾的地方，因此，根据灌溉效率测算结果，可以推断水资源在灌溉过程中浪费了，而事实并不尽然，并开始注意到大型水利工程及流域中存在灌溉回归水的重复利用问题。在此后的几十年间，灌溉用水效率指标体系的内涵界定主要向两个方向发展，一方面是针对"有益消耗"与"无益消耗"以及"生产性消耗"与"非生产性消耗"的界定；另一方面则是回归水的重复利用问题受到广泛关注。因此，Jensen 等指出传统灌溉效率概念在用于水资源开发管理时是不适用的，因为它忽视了灌溉回归水。从水资源管理的角度，Jensen 提出了"净灌溉效率"的概念；Molden 在其提出的框架中采用总消耗比例及生产性消耗比例指标；Perry 建议采用水的消耗量、取用量、储存变化量以及消耗与非消耗比例为评价指标，并认为这样可保持与水资源管理的一致性。

Lankford 则认为只要明确使用条件及评价目的，传统灌溉效率与目前提出的考虑回归水重复利用的有关灌溉效率都是适用的，其列出了影响传统灌溉效率的 13 个因素，包括：水管理范围的尺度大小、设计、管理和评价的目的性不同；效率与时间尺度的关系；净需水量与可回收及不可回收损失的关联等。他同时提出可获得效率（Attainable Efficiency）的概念，即现有损失中有些是可以通过一定的技术措施予以减少的（比如渠道渗漏），是可控制的损失，而有些是难以减少的（比如渠道水面蒸发损失），是不易控制的损失，因此，效率的提高只有通过减少可控的损失量来实现。

我国现行的有关灌溉水利用系数指标体系及计算方法主要形成于 20 世纪 50—60 年代，当时主要参照苏联的灌溉水利用系数指标体系而建立。国内普遍应用灌溉水利用系数表示灌溉用水效率，该指标更多地应用在规划设计中，即从净灌溉水量反推不同渠道的取水量（即毛灌溉水量），为渠道流量和断面设计提供依据。后来，有些地方也用该指标评价灌溉用水效率，相关分析研究的重点在测定渠系水利用系数和田间水利用系数的方法、计算公式修正等方面。对于渠系比较复杂的灌区特别是大型灌区，测定和评价渠系水利用系数也是一个难点。1986 年，山西省水利科学研究所在全省 18 个典型灌区采用静水法进行大规模渠道渗漏试验研究，根据典型实测资料，采用正向递推水量平衡法对重点灌区的渠道水利用系数进行了计算。20 世纪 80 年代，广西壮族自治区在 22 个灌区建立固定测流站网，采用传统动水法前后历时 7 年对渠道水利用系数进行测试，累计实测灌区各级渠道长 5923.2km，实测渠段 2640 段，根据 22 个灌区长历时实测资料，对全省情况进行了评价。2001—2003 年，中国灌溉排水发展中心受水利部农村水利司委托，组织对典型灌区渠道水利用系数进行调查和分析，在测流断面、测量方法、测定条件、渠道数量、典型渠段等方面提出具体要求，选择具有代表性灌区的典型渠道、田间灌溉用水情况进行观测，并根据具体情况对实测得到的渠道水利用系数进行修正，利用灌溉面积加权平均推算得到全国平均渠系水利用系数为 0.52，田间水利用系数为 0.85。白美健等以山东簸箕李引黄灌区为例，根据 3 种实测方法得到的渠道渗漏水量损失观测数据，利用理论方法确定渠床渗透系数和地下水顶托修正系数，在对干渠以下各级渠道进行概化分类的基础上，采用回归分析方法建立灌区干渠以下各级渠道渗漏水量损失与流量间的相关关系，给出依据渠道流量估算渠道水利用系数的经验公式。

不少学者还对渠道越级输水、并联渠系输水等情况下渠系水利用系数的计算分析与修正进行了研究探讨。如高传昌等提出将渠系划分为串联、等效并联、非等效并联等，并分别引用不同的公式计算。汪富贵提出用 3 个系数分别反映渠系越级现象、回归水利用以及灌溉管理水平，再用这 3 个系数同灌溉水利用系数的连乘积来获得修正灌溉水利用系数。沈小谊等提出用动态空间模型的方法计算灌溉水利用系数，考虑回归水、气候、流量、管理水平和工程变化等因素的影响。沈逸轩等提出年灌溉水利用系数的定义，即一年灌溉过程中被作物消耗水量的总和与灌区内灌溉供水总和的比值，并给出相应计算方法；谢柳青等结合南方灌区特点，在分析确定灌溉水利用系数时，根据灌溉系统水量平衡原理，建立了田间水量平衡数学模型，利用灌区骨干水利工程和塘堰等水利设施供水量统计资料，通过作物的灌溉定额，反推灌区渠系水利用系数和灌溉水利用系数。

目前，国内一些学者已经开始认识到，从水资源开发利用评价角度，灌溉水利用系数内涵具有一定局限性，因而提出一些考虑回归水利用的指标。蔡守华等综合分析现有指标体系的缺陷，建议用"效率"代替"系数"，并在渠道水利用效率、渠系水利用效率、田间水利用效率之外增加作物水利用效率。陈伟等认识到用现有灌溉水利用系数等指标计算节水量的局限性，指出计算灌溉节水量时应扣除区域内损失后可重复利用水量，并提出考虑回归水重复利用的节水灌溉水资源利用系数的概念，但并没有明确计算中涉及的参数如渠系渗漏水转化为地下水百分比、地下水开发利用率、扣除蒸发损失的系数等如何确定。

1.2.3　灌溉用水效率确定方法及评价模型

灌区尺度的灌溉用水效率涉及各级渠道的水利用效率、田间灌溉用水效率。确定渠道及渠系水利用效率，一般用渠系水利用系数表示，常用测算方法有动水法及静水法。有些学者针对渠道越级取水现象、回归水利用等提出相应的计算方法。至于田间灌溉用水效率，常用测定灌入作物计划湿润层水量和末级固定渠道输出水量的比值来确定。

由于大尺度、长时间获取有关水平衡要素的困难性，近年来数值模拟技术被应用于各种条件下不同尺度水量平衡要素的模拟以及作物产量的模拟，进行灌溉用水效率指标的计算和用水管理策略的分析评价。在田间尺度模型方面，ORYZA 2000 模型可用来模拟水稻在不同灌溉及施肥措施下的田间水分、养分运移及生长过程和产量。SWAP 模型则被广泛应用于旱作水分运移及产量的模拟。

分布式流域水文模型近年来在灌区尺度得到广泛应用。Sophocleous 等将

SWAT 模型和 MODFLOW 结合起来研究灌区水文循环问题。Elhassan 等将水箱模型修改后用来模拟稻田的水平衡过程，并将其与地下水模型结合，用来模拟水稻种植区地表水、地下水联合应用策略及其对区域浅层地下水平衡的影响。IWMI 的研究人员将 SWAP 和 SLURP 模型结合起来，模拟灌区水平衡及作物产量问题，并进行相关指标计算和用于不同水管理策略评价。裴源生、赵勇构建了流域水循环的 WACH 模型，并应用该模型对灌区水循环及灌溉用水效率进行了模拟和评估。崔远来与刘路广将 SWAT 与 MODFLOW 耦合，研究了灌溉用水效率评价及节水潜力。

1.2.4 节水潜力评价指标及方法

灌溉用水效率是分析节水潜力的基础指标，其内涵与界定对于节水潜力的分析与评价具有密切关系。目前，国内外对节水潜力的内涵还没有一个公认的、统一的标准，相应对于节水潜力的计算也就没有一致的方法。早期节水潜力的估算都是从单一的节水灌溉技术出发，侧重于单项节水灌溉的节水效果。近年来越来越多的学者认识到从整个区域综合估算节水潜力的重要性，认为对灌区的农业需水量分析预测，不仅仅要考虑工程技术措施，还要注重管理以及农业结构调整、抗旱作物品种引进等非工程措施的影响。

国内有关节水潜力计算的文献很多。总体来看，这些计算节水潜力的方法基本以灌溉水利用系数及田间净灌溉定额为评价标准，根据节水灌溉措施条件下的指标（往往根据有限点样本上的试验获得）与现状条件下指标的差，估算毛灌溉用水量的差值，进而计算节水潜力，由此得出的结果实际上是灌溉用水节水潜力。因为农田水分循环系统中灌溉回归水重复利用（可回收灌溉水量或可重复利用灌溉水量）的存在，以及各种影响节水量的因素具有综合效应，仅仅依据渠道衬砌和田间节水措施等田间试验结果得到的灌溉水利用系数及田间净灌溉定额，直接推算灌区尺度的节水潜力及节水量具有一定的局限性，如果把这个"节水量"当作水资源可利用的潜力是不合理的。

近年来许多学者已认识到传统评价指标的局限性，并提出一些新的评价指标和节水潜力计算方法。Seckler 指出，在小尺度范围内的水量损失有一部分可以在更大尺度范围内重新利用，对于灌溉用水效率的限定条件和局限性认识不足，可能会导致对节水潜力的错误评价。茆智指出计算节水潜力时考虑尺度效应的重要性。李远华等及崔远来等以湖北漳河灌区为例，分析表明基于水量平衡得到的节水潜力远小于基于灌溉水利用系数得到的节水潜力。陈伟等认为从水资源角度考虑灌溉节水潜力，应扣除区域可重复利用水量，提出考虑灌溉渗漏水重复利用的灌溉水资源利用系数指标，探讨区域节水潜力评价的新方法。裴源生等从区域广义水资源量消耗的角度提出耗水、节水的概念，即考虑各种可能节水措施背景下的耗水量与不采取节水措施的耗水量差值，认为耗水节水量表明区域实际蒸腾蒸发消耗的节水量，体现区域资源节水潜力。沈振荣等将"真实"节水潜力分为"资源型"真实节水潜力和"效率型"真实节水潜力，"资源型"真实节水主要为农田水分循环系统中不可回收水量的节约；"效率型"真实节水主要体现在水量与产量的转化效率上，即在同等水分消耗条件下大幅度地提高产量，或在取得同等作物产量的条件下，大量减少蒸腾蒸发量使农田的消耗水量显著降低。

虽然"真实"节水潜力研究已引起学者的重视，但目前对采用哪些指标以及如何进行节水潜力评价，这些指标针对不同规模与类型灌区、不同尺度、不同节水环节的适应性，各类指标之间的关系、影响因素、变化规律等还缺少足够的研究，也没有统一的认识。事实上，在探讨节水潜力时，首先应该确定是节什么水的潜力，是节约灌溉用水量还是节约水资源量，这是完全不同的两个视角，因此其评价分析方法也就不同，有关该方面的研究尚需深化。

1.2.5 灌溉节水量与资源节水量

在早期规划建设灌溉系统时，主要精力集中在灌溉系统的优化设计上。我国GB 50288—99《灌溉与排水工程设计规范》中灌溉水利用系数连乘计算的方法与灌区设计思路相一致，各项参数具有明确的物理意义，各级渠道水利用系数和田间水利用系数也可以通过被灌区管理人员广泛熟悉的方法获取，灌溉水利用系数一直以来被作为灌区规划设计的一个最重要的指标。目前正在全国开展的灌区续建配套与节水改造工程规划和效益评估时，也主要以该指标为基础计算"节水量"，进而得出节水效益。

传统灌溉效率侧重于描述通过灌溉工程系统在从输水到田间灌水过程中的灌溉水的利用效率，忽视回归水的重复利用，将输水过程中的水量消耗、渗漏等全部视为损失，比如一般地面灌溉灌区的渠系水利用效率平均为60%左右，而喷灌、微灌的输水效率却可达95%以上。事实上，灌溉水渗漏并转化为地下水的部分，从水资源角度分析，把这部分水作为"损失"是不合适的。因此，将常规的地面灌溉改变为喷微灌节约的灌溉用水量，并不一定完全等同于节约的水资源量。

从区域水资源利用角度出发，节水灌溉措施在不同区域尺度上的节水效果存在差异，这是因为回归水在不同尺度区域内可能被重新利用的程度不同。灌溉系统及流域尺度的节水量并不是田间尺度节水量的简单累加，同时随着空间尺度的变化，回归水的转化关系、形态和量值也存在较大的差异，由此产生了尺度效应。此外这种尺度效应还源于不同灌溉用水效率评价指标间的差异。

传统灌溉效率指标在以下情况是适用的：①新灌溉系统的规划设计，此时灌溉工程设计者需要用传统效率指标来推算，为满足田间灌溉的基本需求而需要从水源调用的水量（流量），以及基于不同级别渠道的流量设计渠道的断面尺寸；②评估灌溉工程系统的管理状况，在灌溉工程状况一样时，传统灌溉效率指标高则意味着良好的管理水平；③低效率的水重复利用系统，尽管回归水可以回收并且可被作物或下游其他用户再利用，但如果回用滞后期过长或回用环节过多则其效率同样大打折扣，况且还必须考虑回归水的质量和利用成本问题。传统灌溉效率指标不宜直接应用于从水资源综合利用角度进行资源节水量的计算和资源节水潜力评估。

传统效率指标在灌溉系统的规划设计及灌溉工程性能评估中发挥了重要作用，在 20 世纪 50—70 年代期间新系统建设中尤为明显。当时水资源充足，一个灌区的主要目标是维持灌溉工程良好运行和根据作物需水及时供水到田间，为其他用途而节水并没有受到广泛关注。当水资源日趋短缺时，灌溉用水对区域水循环的影响日趋重要，从传统效率指标的角度来看，提高灌溉用水效率将可以使大量的水从农业灌溉转移给其他用户。因传统效率指标忽略了灌溉过程中损失的水的再利用，所以利用传统灌溉效率指标来评估的节约灌溉水量，不能简单地拿来作为区域水资源可利用量使用，也就是说，灌溉节水量不等于资源节水量。目前还没有一套通用的灌溉用水效率指标体系可以兼容各种不同使用目的的需要。当灌溉成为流域水文的一个重要组成部分时，应该在更广泛的水文背景下，从不同视角进行灌溉用水效率分析。

由于关注点不同，对灌溉用水效率的理解也是不尽相同的，更使得灌溉用水效率的研究和应用变得复杂与多样化。

从传统的灌溉效率指标到考虑到尺度效应及回归水利用的效率指标，再到以水分生产率及消耗或非消耗比例类的指标，关于灌溉用水效率指标、灌溉节水潜力评价方法、水资源调配决策的依据等，已成为国内外争论的焦点。早期的灌溉效率指标是从水量的角度描述了为满足作物有效利用而必须供给的灌溉水量，主要适用于灌溉系统设计及灌区灌溉工程系统效率高低评价等，国内长期使用的灌溉水利用系数就属于此类。

目前提出的考虑回归水重复利用类的指标或有关比例类的指标，从水资源管理的角度其概念和内涵是比较明晰的，但是因为对不同尺度回归水利用量以及以蒸发蒸腾量为主的各类消耗进行定量观测及计算比较困难，因此，在目前条件下用于灌区实际的日常用水管理还有一定难度。从考虑回归水重复利用类的指标到 IWMI 所提出的 3 类代表性指标，以及 Perry 所建议的指标，试图区分水分利用这一术语中所包含的要素，理清尺度对灌溉水利用评价的影响，并且 IWMI 所提出的指标在多项研究中已经得到成功运用，但 IWMI 指标体系以水量平衡计算为基础，数据获取难度较大，给实际应用带来困难。

综上所述，对于任何一个灌溉系统，从水源取水、渠系（或管道）输水、灌水到田间，再经过作物蒸腾、土壤蒸发和深层渗漏，直至消耗殆尽，每一个环节都存在水分消耗。对于不同的研究者，都有其不同的关注点。因此，这些消耗，哪些是属于有效的，哪些是属于无效的，答案是不尽相同的。

　　灌溉系统作为区域水循环的一个环节，无论是仅仅从灌溉工程角度关注灌溉系统对灌溉取用水的利用效率，还是从区域水资源利用角度探讨灌区取用水的资源效率，都不可回避灌区输水系统以及田间水分分配过程各个环节水分消耗和转化数量的确定。只不过对于前者，部分水分转化（比如渠系渗漏、田间深层渗漏等）被认为是损失，即对灌溉系统来说，是无效的；而对于后者，则不认为是（水资源）损失，即对区域水资源系统，仍然是有效的，可以被利用的。从灌溉工程的投入和管理来说，灌溉节水是必要的，并且应以"灌溉节水量"为其水利用效率的衡量指标；而在流域或区域水资源管理和规划中，"灌溉节水量"和"资源节水量"均应作为衡量指标。

1.2.6　水分生产率

　　水分生产率是指在一定的作物品种和耕作栽培条件下，田间单位水量消耗所获得的产量。水分生产率指标用简单和易于理解的方式表达了水的产出效率，被广泛用于水管理效果评估。由于水分生产率的数据来自水平衡分析的各要素，数据量大，并且有些要素测定较为复杂，限制了它在大尺度及长时段的应用。另外，产量的提高不仅仅来自于灌溉水分的贡献，还有降水、作物品种、农业措施等方面产生的贡献，因此单独使用水分生产率来评估灌溉效果并不一定合适。Guerra 等建议联合使用水分生产率及灌溉效率来评估灌溉用水管理策略和措施。

1.3　灌溉用水效率表述指标的定义与内涵

　　通过前述讨论可以看出，关于灌溉用水效率的表达指标，国内外有差异，从灌溉用水、水资源利用、作物生产等不同角度出发，其表达指标、定义、内涵均不相同。本书根据实际工作中灌溉用水效率测算分析与评价的目的，对其界定为：针对从水源引入灌区的水用于灌溉目的而产生的效率，而不针对广义水资源利用，亦不针对灌溉产生的生态环境效益等其他效益。评价的尺度限定在灌区范围，不论灌区大小，以一个独立的灌溉水源或多个水源联合运用为一体的灌排工程体系控制的范围作为评价单元。

　　表述灌溉用水效率采用"灌溉水利用率"或"灌溉水利用效率"比采用"灌溉水利用系数"等系数的概念更为合理。一是"灌溉水利用系数"的概念如前所述最初是为了灌溉工程规划设计需要而提出的，表示设计工况下的灌溉用水效率，并不是实际的效率情况，只是后来人们有时也用其作为描述实际的灌溉用水效率情况；二是"率"的概念更适合描述实际发生的"效率"，能与国际接轨，与其他行业实际"效率"的表述方式一致，也与"水分生产率"等与灌溉效益有关的指标表述方式相协调。作者建议今后使用"灌溉水利用率"或"灌溉水利用

效率"来作为描述灌溉用水效率的指标。关于术语表达的问题今后可以在学术界开展广泛深入的讨论，明确定义与内涵，取得共识。

目前为了更好地满足管理需要，与国家规划纲要中利用的指标相协调，采用"灌溉水有效利用系数"作为评价灌溉工程实际灌溉用水效率的指标，与"灌溉水利用系数"不同，加上了"有效"二字，即认为其是实际工况下的灌溉用水效率，而非设计工况下的灌溉用水效率。本书用"灌溉水有效利用系数"作为表述灌溉用水效率的具体指标。

本书从实践应用与管理需要出发，以灌区为基本单元测算分析"灌溉水有效利用系数"，侧重于对灌区工程系统用水效率进行评价；区域的"灌溉水有效利用系数"是指该区域的灌区灌溉水有效利用系数的平均值。这里所说的"灌溉水"是指为了灌溉目的的取（用）水量，是通过采取工程和技术措施，对水资源进行开发利用而取得，在对水资源开发利用形成"灌溉水"的过程中，需要投入大量的人力、物力和财力，其利用效率高低对于发挥工程效益和缓解水资源供需矛盾至关重要。"灌溉水"的浪费是指在使用过程中未产生灌溉效益的部分，这部分就是"损失"。这里明确为"灌溉水"，而不是其他"水"。所说的"有效利用"是指灌溉用水从水源经过输水、配水，直至灌到田间被作物利用的有效性，区别于前面所述的大尺度上（上下游、灌区外）"回归水重复利用"等间接利用灌溉水的概念。"灌溉水有效利用系数"定义为：灌入田间可被作物利用的水量与灌溉系统取用的灌溉总水量的比值，它表征了灌溉用水效率的实际状况与水平，反映灌溉工程状况、灌溉技术、管理水平等因素的综合影响。

"灌溉系统取用的灌溉总水量"仅仅针对灌区从水源取来用于灌区灌溉用水的那部分水量，即传统概念上的灌区"毛灌溉水量"，不考虑其中可能用于灌区灌溉以外其他任何用途的取水量。"灌入田间可被作物利用的水量"是指灌水前后，田间计划湿润层土壤含水量的增量，将这部分水作为"可被作物利用的水量"，也就是"净灌溉水量"。灌溉输水系统中蒸发和"跑、冒、滴、漏"以及田间深层渗漏等，相对于灌溉水的利用来说，均视为损失和"无效"。"灌溉水有效利用系数"主要针对灌区灌溉用水量以及田间净灌溉用水量两个关键要素，属于灌溉工程系统用水效率评价的范畴。

第2章 灌溉水有效利用系数测算分析方法

2.1 灌区灌溉水有效利用系数传统测算分析方法

灌溉水有效利用系数是反映灌区灌溉水有效利用程度的重要指标。以往，人们通常用灌溉水利用系数描述灌溉系统的灌溉用水效率，即利用灌区渠系水利用系数和田间水利用系数的乘积，得到灌溉水有效利用系数。

2.1.1 渠系水利用系数测定

渠系水利用系数反映从渠首到农渠的各级输配水渠道的输水损失，表示整个渠系的水的利用率，其值等于同时工作的各级渠道的渠道水利用系数的乘积，即连乘法。

渠道水利用系数为某渠道的出口流量（净流量）与入口流量（毛流量）的比值。也就是说，渠道水利用系数反映的是单一的某级渠道的输水损失。渗漏试验是用于对比各种渠道的渗漏损失，推算渠系（渠道）水利用系数的主要方法，一般采用静水法或动水法进行测验。

静水法测渗渠段需顺直、完整，断面规则，且具备相应的水源与交通条件，同时观测降水量与渗漏量。要先后进行恒水位测验和变水位测验。动水法测渗需有适合的水深条件、足够长的渠道、基本稳定的水流及测试时间保障，且可只测定一段较长渠道输水渗漏损失，不需区分其中各分段的渗漏差异情况；在渗漏量较大的渠道上较为适用，对于渗漏量较小的渠道及水位频繁有较大波动的渠道适用性相对较差。此外，动水法是在通水条件下进行的测试，渠段中的分水口需要封闭，测试条件并非渠道日常运行状态。

2.1.2 田间水利用系数测定

根据 GB/T 56363—2006《节水灌溉工程技术规范》，实测灌溉后入渗到土壤计划湿润层深度土壤剖面内的水分含量即为灌入田间可被作物有效利用的水量，其值等于灌后与灌前土壤计划湿润层内土壤含水量之差，即某次灌水的净灌溉定额，不包括深层渗漏与田面泄水量。灌入田间可被作物有效利用的水量可选择有代表性的地块，通过测定灌水前后 1~3d 内土壤含水量的变化计算得出。

通常通过分类选取典型田块实测田间水利用系数，以此推算一个区域或灌区的田间水利用系数值，也可基于灌溉试验资料来估算。区域平均水平的田间水利用系数估算方法如下：

（1）用净灌水定额推求田间水利用系数。根据自然条件、作物种类不同，选择典型灌溉地块，测定每次灌水时，渠道末端引进的水量和作物净灌水定额以及实灌面积，进而计算每次灌水的田间水利用系数，然后再用全年各次灌溉水量进行加权平均，计算灌区该年的田间水利用系数。

（2）用年度灌溉净用水总量推求田间水利用系数。年度灌溉净用水总量等于区域内该年度所有种植作物的总灌溉定额之和。可选典型区通过灌溉试验确定各种作物的总灌溉定额。然后，通过测定渠首末端进入田间的年度总水量及各种作物的实灌面积，可计算灌区该年的田间水利用系数。

（3）用作物产量推求田间水利用系数。大量灌溉试验资料表明，旱作物的需水量与产量存在一定的关联关系。在一个相对较小的区域范围内，由于自然条件，特别是气象条件变化很小，因此，在同一水平年且年内气象因素基本相同，同一种作物在灌区内的作物需水量等基本参数基本相同。据此，可以通过灌溉试验寻求出当年度该种作物总灌溉定额与产量的关系，即灌溉水生产率 K。确定不同作物的 K 值后，则可根据各种作物的总产量推求出该年度的净灌溉用水总量，然后用净灌溉用水总量除以末级固定渠道进入田间的总水量，即可求出某一水平年的田间水利用系数。

2.1.3　存在问题

采用传统方法确定灌溉水有效利用系数存在以下主要问题和难点：

（1）测定工作量大。一个灌区的固定渠道一般有干渠、支渠、斗渠、农渠 4 级，大型灌区级数更多，而每一个级别的渠道又有多条，特别是斗渠、农渠数量更多，需要选取较多的渠道（段）进行测定；另外，灌溉地块自然条件和田间工程情况也存在差异，要取得较准确的田间水利用系数，需要选择众多的典型区进行测定。无论是渠系水利用系数，还是田间水利用系数测定工作量都很大。

（2）测定所需的条件严格，难以保证。采用动水法测定渠道水利用系数时，需要有稳定的流量，测渠段中间无支流，下一级渠首分水点的观测时间应与水流程时间相适应，实际测定时，一般均结合灌溉进行，流量变化波动大，不易控制；静水法测定的结果与渠道实际运行情况有差异，渗漏损失不能很好地反映渠道水利用系数；测量渠段选择数量有限，代表性没有保证。

（3）不能反映当年灌溉水有效利用的情况。灌区不同的水文年因来水和用水的情况不同，渠首引进的流量或水量也不相同，灌区的实灌面积也不相同。灌溉水有效利用系数与引入灌区的流量（水量）和实灌面积有关，因此，每年的系数都不相同，严格来说每次灌水都不相同。目前的灌区只用某次测定计算得出的灌溉水有效利用系数来代替所有的情况是不合适的，不能反映灌区当年实际灌溉水利用的实际情况。

对于以灌区为单元的灌溉用水效率测算分析与宏观评价，一般只需要了解灌溉用水效率的整体情况，而不关注其中间环节灌溉用水效率，此时，为简单可行，可以采用"首尾测算分析法"，避免传统分析方法的缺陷，便于操作，且具有科学合理性。实际工作中，需要评价输水过程和田间灌水过程不同环节的用水效率时，也可以分别测算渠系水系统系数和田间水利用系数，然后相乘得到灌溉水有效利用系数。

2.2　灌区灌溉水有效利用系数首尾测算分析方法

2.2.1　基本原理

灌区灌溉水有效利用系数的定义为：某时段内灌区田间净灌溉用水量与灌溉系统从水源取用的毛灌溉用水量的比值。"首尾测算分析法"是从灌溉水有效利用系数的定义出发，通过测量、统计获取毛灌溉用水量和田间净灌溉用水量两个基础数据，计算其比值，即得到灌区的灌溉水有效利用系数。计算公式如下：

$$\eta_w = \frac{W_j}{W_a} \tag{2.1}$$

式中　　η_w——灌区灌溉水有效利用系数；

W_j——灌区净灌溉用水量，m^3；

W_a——灌区毛灌溉用水量，m^3。

式（2.1）中的净灌溉用水量可以通过亩均综合净灌溉用水量乘以实灌面积获得，则灌溉水有效利用系数按式（2.2）计算，灌区亩均综合净灌溉用水量 $M_{综}$ 按式（2.3）计算：

$$\eta_w = \frac{M_{综} A}{W_a} \tag{2.2}$$

$$M_{综} = \frac{\sum_{i}^{N} M_i A_i}{A} \tag{2.3}$$

式中　　M_i——灌区第 i 种作物亩均净灌溉用水量，$m^3/$亩；

A_i——灌区第 i 种作物实灌面积，亩；

N——灌区作物种类总数；

A——灌区实际灌溉面积，$A = \sum_{i}^{N} A_i$，亩。

理论上，根据式（2.2）可以分析计算一个灌溉季节或任何一个时段的灌区灌溉水有效利用系数。从宏观分析灌区灌溉水有效利用系数角度来说，一般取日历年为测算分析时段，分析灌区某年的灌溉水有效利用系数平均情况。

评价分析灌区灌溉水有效利用系数时，"首尾测算分析法"不但具有可靠的理论基础，而且操作相对简便，准确性有保障，适应目前我国灌区宏观管理的实际情况，便于测算统计分析。该方法绕开测定渠系水利用系数和田间水利用系数两个环节，既减少了测定工作量和不确定因素，又弥补了传统测量方法的不足，满足宏观管理与决策需要。

2.2.2　毛灌溉用水量确定

灌区毛灌溉用水量 W_a 指灌区全年从水源取用的且仅仅用于农田灌溉的水量。当灌区供水用途单一，且水源相对集中、供水情况简单时，灌区毛灌溉用水量根据水源供水量测资料统计汇总即可。

对于灌区多水源、多用途供水等一些特殊情况，还应视情况具体量测分析灌区毛灌溉用水量。几种常见情况处理如下：

（1）灌区向多用户供水情况。灌区除向农业灌溉供水外，还向其他用户供水（包括工业、生活、生态、渔业、畜牧等），并且共用取水口和输水渠道，此时需从灌区全年取用总水量中扣减上述非灌溉用水量，如果从渠首取水口至非灌溉取水口间有输水渗漏等损失，则非灌溉用水户也应分摊相应的损失量，即非灌溉用水量应将分水点的水量，考虑分摊损失水量，并从分水点反推到渠首。

对于土地属性没有改变，临时种植果林的耕地，其灌溉用水量也应计入灌区耕地（农田）灌溉用水量中，将该部分水量计入灌区毛灌溉用水量中；同时，该部分耕地的净灌溉用水量也应计入灌区净灌溉用水量中一并考虑。

（2）有塘坝或其他水源联合供水的灌区。灌区内如有蓄积降水径流的塘（堰）坝水量用于灌溉，应计入灌区毛灌溉用水量。如果塘坝作为调蓄设施其蓄水由灌区渠系供给，当年又被用于灌溉的水量，不应与灌区毛灌溉用水量重复计算；如果是跨年度使用的水量，应反推到渠首，并从当年灌区取水量中扣除，计入下一年的毛灌溉用水量。

（3）渠系纳蓄雨水用于灌溉情况。当有降水径流纳蓄到渠道时，应进行渠系纳蓄雨水量测量与统计。如不具备量测条件，则应进行降水径流分析，将进入渠系并用于灌溉的水量计入年毛灌溉用水量中。

2.2.3　净灌溉用水量确定

净灌溉用水量是指灌入田间能被作物有效利用的水量。

净灌溉用水量原则上应通过田间观测分析获得。在不具备条件的地方，可以利用水文气象、灌溉试验等资料分析计算获得，但其结果精度将受到影响。如果灌区范围较大，区域内灌溉用水情况、土壤质地、灌水技术、灌水习惯等差异明显，则应在灌区内分区域进行净灌溉用水量分析测算，再以分区结果为依据汇总分析整个灌区的净灌溉用水量。测算分析灌区田间净灌水量时，需在灌区内分区域选取典型田块，首先测算分析典型田块年亩均净灌溉用水量，进而分析计算分区和整个灌区年净灌溉用水量。

2.2.3.1 典型田块选择

目前，我国绝大多数地区农业生产仍以家庭耕作为主体，集约化生产水平较低，因此，一个灌区的种植结构和灌溉情况，除受灌区土壤类型、地下水条件、农业气象特征、灌溉条件等因素的影响外，还受到农业生产者的种植和耕作（包括灌溉）习惯的影响。因此，在选取典型田块时，特别是在大型、中型灌区，宜首先对灌区有效灌溉面积进行合理分区，然后再在不同分区内选择典型田块。分区的具体数量，可根据灌区规模、差异程度确定。对于小型灌区、纯井灌区可根据灌区规模、差异变化情况来确定是否分区。一般来说，小型灌区和纯井灌区由于规模小，差异不大，可不分区。对于每个分区，按照分区内种植结构、耕作和灌溉习惯、田间平整度、土壤类型等因素，选择不少于3个典型田块，且年际间应相对固定。

典型田块应边界清楚、形状规则、面积适中；同时综合考虑作物种类、灌溉方式、畦田规格、地形、土地平整程度、土壤类型、灌溉制度与方法、地下水埋深等方面的代表性。典型田块应有固定的进水口和排水口，并配备量水设施。

2.2.3.2 典型田块亩均净灌溉用水量

为合理确定和复核灌区实际灌溉情况、田间净灌溉用水量等，原则上对每个分区的典型田块进行田间灌水次数、灌水方式与习惯等详细调查，然后进行田间灌溉用水量量（观）测。

典型田块亩均净灌溉用水量可采用直接量测法和观测分析法，如图2.1所示。

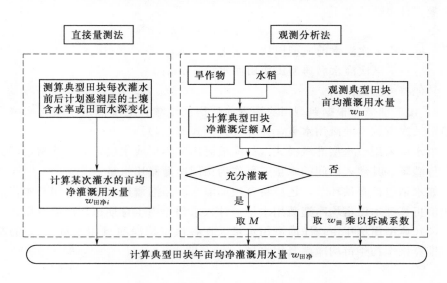

图 2.1 典型田块年亩均净灌溉用水量观测与分析方法示意图

15

1. 直接量测法

直接量测法是在每次灌水前后按 SL 13—2015《灌溉试验规范》有关规定，观测典型田块内不同作物年内相应生育期内土壤计划湿润层的土壤含水量（或田间水层）变化，进而计算典型田块该次灌水的亩均净灌溉用水量。

（1）旱作灌溉。根据典型田块灌溉前后土壤计划湿润层土壤含水率的变化确定某次亩均净灌溉用水量，计算公式如下：

$$w_{\text{田净}i} = 0.667 \frac{\gamma}{\gamma_{\text{水}}} H(\theta_{g2} - \theta_{g1}) \tag{2.4}$$

式中　$w_{\text{田净}i}$——典型田块某次亩均净灌溉用水量，$\text{m}^3/$亩；

$\quad\quad H$——灌水期内典型田块土壤计划湿润层深度，mm；

$\quad\quad \gamma$——典型田块 H 土层内土壤干容重，g/cm^3；

$\quad\quad \gamma_{\text{水}}$——水的容重，$\text{g/cm}^3$，一般可取 1.0g/cm^3；

$\quad\quad \theta_{g1}$——某次灌水前典型田块 H 土层内土壤质量含水率，%；

$\quad\quad \theta_{g2}$——某次灌水后典型田块 H 土层内土壤质量含水率，%。

或

$$w_{\text{田净}i} = 0.667 H(\theta_{v2} - \theta_{v1}) \tag{2.5}$$

式中　θ_{v1}——某次灌水前典型田块 H 土层内土壤体积含水率，%；

$\quad\quad \theta_{v2}$——某次灌水后典型田块 H 土层内土壤体积含水率，%；

　其他符号意义同前。

（2）水稻灌溉。

1）淹水灌溉。根据典型田块灌溉前后田面水深变化来确定某次亩均净灌溉用水量，计算公式如下：

$$w_{\text{田净}i} = 0.667(h_2 - h_1) \tag{2.6}$$

式中　h_1——某次灌水前典型田块田面水深，mm；

$\quad\quad h_2$——某次灌水后典型田块田面水深，mm；

　其他符号意义同前。

2）湿润灌溉。根据典型田块灌溉前后田间土壤计划湿润层土壤含水率变化来确定某次亩均净灌溉用水量，计算公式同式（2.4）。

当水稻采用节水型灌溉模式（如灌溉时田间不形成水层）时，严格按照需水量进行灌溉，其灌入田间的水量即可作为田间净灌溉用水量。

如水稻包括育秧环节，还应将育秧期灌水的净灌溉用水量按秧田与本田的面积比例折算到本田亩均净灌溉用水量，计入水稻年内生育期亩均净灌溉用水量。

（3）典型田块年亩均净灌溉用水量。在各次亩均净灌溉用水量 $w_{\text{田净}i}$ 的基础上，推算该作物年亩均净灌溉用水量 $w_{\text{田净}}$，即

$$w_{\text{田净}} = \sum_{i=1}^{n} w_{\text{田净}i} \tag{2.7}$$

式中 $w_{田净}$——某典型田块某作物年亩均净灌溉用水量，m³/亩；

      n——典型田块年内灌水次数，次；

其他符号意义同前。

2. 观测分析法

观测分析法需观测实际进入典型田块年亩均灌溉用水量，再根据当年气象资料、作物种类等情况，依据水量平衡原理计算典型田块某种作物当年的净灌溉定额。然后，对两者比较进行判断，得出典型田块年亩均净灌溉用水量。

（1）典型田块年亩均灌溉用水量 $w_{田}$ 的观测。

1）渠道输水。在典型田块进水口设置量水设施，观测某次灌水进入典型田块的水量 $W_{田进i}$。在有排水的典型田块，同时在田块排水口设置量水设施并观测排水量 $W_{田排i}$，再根据典型田块灌溉面积 $A_{田}$，推算典型田块某作物种类年亩均灌溉用水量 $w_{田}$，计算公式如下：

$$w_{田} = \frac{\sum(W_{田进i} - W_{田排i})}{A_{田}} \tag{2.8}$$

式中 $w_{田}$——典型田块年亩均灌溉用水量，m³/亩；

    $W_{田进i}$——年内第 i 次灌水进入典型田块的水量，m³；

    $W_{田排i}$——年内第 i 次灌水排出典型田块的水量（不包括因管理不当造成的退水量），m³；

    $A_{田}$——典型田块的灌溉面积，亩。

具体方法参见 GB/T 21303—2007《灌溉渠道系统量水规范》。

2）管道输水。在管道出水口处安装计量设备，计量每次进入典型田块的水量 $W_{田进i}$。在有排水的典型田块，同时在田块排水口设置量水设施量测排水量 $W_{田排i}$，再根据典型田块灌溉面积 $A_{田}$，推算典型田块某作物种类年亩均灌溉用水量 $w_{田}$，计算公式同式（2.8）。

3）喷灌。在控制典型田块的喷灌系统管道上加装水量计量设备，计量喷头的出水量 $W_{出i}$。

然后，将不同灌水次数的灌溉用水量 $W_{出i}$ 相加，乘以喷洒系数 $\eta_{喷洒}$，再除以典型田块灌溉面积 $A_{田}$，从而得到该典型田块中作物全生育期的亩均净灌溉用水量 $w_{田}$，计算公式为

$$w_{田} = \frac{\sum W_{出i}\eta_{喷洒}}{A_{田}} \tag{2.9}$$

式中 $\eta_{喷洒}$——喷洒水利用系数，应考虑灌溉期间典型田块处的喷头类型、风力、温度等条件，并参考有关试验研究成果或资料确定；

    $W_{出i}$——年内控制典型田块支管第 i 次灌水的出水量，m³；

其他符号意义同前。

4）微灌。对于滴灌、小管出流等灌溉类型，可在控制典型田块的支管安装计量设备，计量典型田块某次灌溉用水量 $W_{田i}$，再根据典型田块灌溉面积 $A_田$，推算典型田块某作物种类年亩均灌溉用水量 $w_田$，计算公式同式（2.8）。微喷可参考喷灌进行计算。

（2）典型田块净灌溉定额计算。

1）旱作物净灌溉定额。旱作物净灌溉定额计算公式为

$$M_{旱作}=0.667[ET_c-P_e-G_e+H(\theta_{vs}-\theta_{v0})] \tag{2.10}$$

式中　$M_{旱作}$——某种作物净灌溉定额，$m^3/$亩；

$\quad\quad ET_c$——某种作物的蒸发蒸腾量，mm；

$\quad\quad P_e$——某种作物生育期内的有效降水量，mm；

$\quad\quad G_e$——某种作物生育期内地下水利用量，mm；

$\quad\quad H$——土壤计划湿润层深度（需要确定作物不同生育期的土壤计划湿润层深度），mm；

$\quad\quad \theta_{v0}$——某种作物生育期开始时土壤体积含水率，%；

$\quad\quad \theta_{vs}$——某种作物生育期结束时土壤体积含水率，%。

如按土壤质量含水率计算，则

$$\theta_{vs}-\theta_{v0}=\frac{\gamma}{\gamma_水}(\theta_{gs}-\theta_{g0})$$

式中　θ_{g0}——某种作物生育期开始时土壤质量含水率，%；

$\quad\quad \theta_{gs}$——某种作物生育期结束时土壤质量含水率，%。

2）水稻净灌溉定额。水稻灌溉定额包括秧田定额、泡田定额和生育期定额3部分。

a. 秧田定额计算公式如下：

$$M_{水稻1}=0.667a[ET_{c1}+H_1(\theta_{vb1}-\theta_{v1})+F_1-P_1] \tag{2.11}$$

式中　$M_{水稻1}$——水稻育秧期净灌溉定额，$m^3/$亩；

$\quad\quad a$——秧田面积与本田面积比值，可根据当地实际经验确定；

$\quad\quad ET_{c1}$——水稻育秧期蒸发蒸腾量，mm；

$\quad\quad H_1$——水稻秧田犁地深度，m；

$\quad\quad \theta_{v1}$——播种时 H_1 深度内土壤体积含水率，%；

$\quad\quad \theta_{vb1}$——H_1 深度内土壤饱和体积含水率，%；

$\quad\quad F_1$——水稻育秧期田间渗漏量，mm；

$\quad\quad P_1$——水稻育秧期有效降水量，mm。

b. 泡田定额计算公式如下：

$$M_{水稻2}=0.667[ET_{c2}+H_2(\theta_{vb2}-\theta_{v2})+h_0+F_2-P_2] \tag{2.12}$$

式中　$M_{水稻2}$——水稻泡田期净灌溉定额，$m^3/$亩；

ET_{c2}——水稻泡田期蒸发蒸腾量，mm；

H_2——水稻稻田犁地深度，m；

θ_{v2}——秧苗移栽时 H_2 深度内土壤体积含水率，%；

θ_{vb2}——秧苗移栽时 H_2 深度内土壤饱和体积含水率，%；

h_0——秧苗移栽时稻田所需水层深度，mm；

F_2——水稻泡田期田间渗漏量，mm；

P_2——水稻泡田期有效降水量，mm。

c. 淹灌水稻生育期净灌溉定额计算公式如下：

$$M_{水稻3} = 0.667[ET_{c3} + F_3 - P_3 + (h_c - h_s)] \tag{2.13}$$

式中　$M_{水稻3}$——水稻生育期净灌溉定额，$m^3/$亩；

ET_{c3}——水稻生育期蒸发蒸腾量，mm；

P_3——水稻生育期有效降水量，mm；

F_3——水稻生育期田间渗漏量，mm；

h_c——秧苗移栽时田面水深，mm；

h_s——水稻收割时田面水深，mm。

因此，淹水灌溉水稻净灌溉定额为

$$M_{水稻} = M_{水稻1} + M_{水稻2} + M_{水稻3} \tag{2.14}$$

式中　$M_{水稻}$——水稻净灌溉定额，$m^3/$亩；

其他符号意义同前。

计算方法详见 GB 50288—1999《灌溉与排水工程设计规范》。

另外，对于湿润灌溉（无水层）的水稻，可采用旱作物净灌溉定额的计算方法计算其净灌溉定额。淹水和湿润交替灌溉采用的水稻则可分别采用淹水灌溉水稻和旱作物净灌溉定额的计算方法分段计算确定后相加，得出生育期的净灌溉定额 $M_{水稻3}$。已经推广采用水稻节水灌溉模式的区域，可以直接采用水稻节水灌溉模式设计的亩均净灌溉定额。在有灌溉试验成果的地区，可引用节水灌溉模式试验中所测得的节水灌溉定额作为净灌溉定额。

（3）典型田块年亩均净灌溉用水量确定。在获得典型田块的净灌溉定额 M（$M_{旱作}$ 或 $M_{水稻}$）和年亩均灌溉用水量 $w_田$ 后，将两者进行比较。当 $kw_田 \geqslant M$ 时，为充分灌溉，$w_{田净} = M$；当 $kw_田 < M$ 时，为非充分灌溉，$w_{田净} = kw_田$。其中，k 为折减系数，对于旱作物，k 可取 0.90；对于水稻，k 可取 0.90～0.95。

尚不具备直接量测和观测条件的小型灌区和纯井灌区，可通过收集与典型田块种植作物和灌溉方式相同的当地（或临近地区）灌溉试验站灌溉试验结果，或者灌区规划、可行性研究报告等资料中不同水平年的净灌溉定额，结合当地灌溉经验拟定复核当年降水年型的灌溉制度（灌水次数、灌水定额、灌溉定额等）。在此基础上对典型田块进行实地调查，了解当年的实际灌水次数和每次灌水量，通过与灌溉制度比较，分析典型田块灌溉用水情况，并参考前述方法确定典型田块年亩均净灌溉用水量。

对于实灌面积占总实灌面积10%及以下的作物种类，可以上述测算分析得出的相近作物亩均净灌溉用水量为依据估算。

2.2.3.3　灌区年净灌溉用水量测算

根据 2.2.3.2 节中观测与分析得出的第 i 种作物典型田块的年亩均净灌溉用水量 $w_{田净l}$，计算某灌区同区域或同种灌溉类型第 i 种作物的年净灌溉用水量，计算公式如下：

$$w_i = \frac{1}{N}\sum_{l=1}^{N} w_{田净l} \tag{2.15}$$

式中　w_i——灌区同分区内（或同灌溉类型）第 i 种作物的亩均净灌溉用水量，$\mathrm{m}^3/$亩；

$w_{田净l}$——灌区同分区内（或同灌溉类型）第 i 种作物第 l 个典型田块亩均净灌溉用水量，$\mathrm{m}^3/$亩；

N——灌区同分区内（或同灌溉类型）第 i 种作物典型田块数量，个。

再根据灌区内不同分区（或灌溉类型）不同作物种类灌溉面积，结合不同作物在不同分区（或灌溉类型）的年亩均净灌溉用水量，计算得出灌区年净灌溉用水总量 $W_{样净}$，计算方法如下：

（1）大型、中型、小型灌区（不包括纯井灌区，下同）年净灌溉用水量。计算公式如下：

$$W_{净} = \sum_{j=1}^{n}\sum_{i=1}^{m} w_{ij}A_{ij} \tag{2.16}$$

式中　$W_{净}$——灌区年净灌溉用水总量，m^3；

w_{ij}——灌区第 j 个分区内第 i 种作物亩均净灌溉用水量，$\mathrm{m}^3/$亩；

A_{ij}——灌区第 j 个分区内第 i 种作物灌溉面积，亩；

m——灌区第 j 个分区内的作物种类，种；

n——灌区分区数量，个（大型灌区 $n \geqslant 3$，中型灌区 $n \geqslant 2$，小型灌区 $n \geqslant 1$）。

（2）纯井样点灌区年净灌溉用水总量。计算公式如下：

$$W_{净} = \sum_{k=1}^{p}\sum_{i=1}^{m} w_{ik}A_{ik} \tag{2.17}$$

式中　$W_{净}$——灌区年净灌溉用水总量，m^3；

w_{ik}——灌区第 k 种灌溉类型第 i 种作物亩均净灌溉用水量，$\mathrm{m}^3/$亩；

A_{ik}——灌区第 k 种灌溉类型第 i 种作物灌溉面积，亩；

m——灌区第 k 种灌溉类型作物种类数量，种；

p——灌区灌溉类型数量，$p=1\sim5$（纯井灌区分土质渠道地面灌、防
　　　　　　　　渗渠道地面灌、管道输水地面灌、喷灌、微灌等5种灌溉类型）。

2.2.3.4　作物套种情况净灌溉用水量

　　在许多灌区，往往采用两种或多种作物间作套种，如玉米与大豆、棉花与大豆、小麦与玉米等。

　　套种期间：在灌溉实践中，一般以满足主体作物的需水为主，其净灌溉用水量可根据主体作物种植情况按前述方法确定；实灌面积以套种作物实灌面积计。

　　非套种期间：按照单种作物的实际情况按前述方法确定净灌溉用水量。

2.2.4　特殊情况灌溉水有效利用系数计算

　　（1）淋洗盐碱用水情况。对于有淋洗盐碱要求的灌区，所需的田间净淋洗盐碱水量应为田间净灌溉水量的一部分。净淋洗盐碱灌溉定额通过灌区试验资料或生产经验科学合理地确定。

　　此时，灌溉水有效利用系数应按式（2.18）修正：

$$\eta=\frac{W_{净}+L_{x}A_{x}}{W_{毛}} \tag{2.18}$$

式中　L_{x}——洗碱净定额，$\mathrm{m}^3/$亩；

　　　A_{x}——洗碱面积，亩；

　　　其他符号意义同前。

　　（2）井渠结合灌溉情况。对于采用地表水与地下水互补的"井渠结合"灌区，可分别观测记录井灌提水量和渠灌引水量，以两者之和作为灌区总的灌溉用水量。此时，灌溉水有效利用系数则按式（2.19）计算：

$$\eta=\frac{W_{净}}{W_{井毛}+W_{渠毛}} \tag{2.19}$$

式中　$W_{渠毛}$——灌区渠灌年毛灌溉用水量，m^3；

　　　$W_{井毛}$——灌区井灌年毛灌溉用水量，m^3；

　　　其他符号意义同前。

　　有些渠灌区中虽包含有井灌面积，但两者相对独立，这种情况下井灌和渠灌应作为两种类型分别单独计算。

2.3　区域灌溉水有效利用系数分析方法

2.3.1　区域灌溉水有效利用系数分析方法

　　一个区域的灌溉水有效利用系数是指区域内灌溉面积上灌溉水有效利用系数的平均值，由区域内各灌区的灌溉水有效利用系数与毛灌溉用水量加权平均后得出。一般来说，一个区域存在着许多不同规模与类型（大型、中型、小型灌区和

纯井灌区，下同）的灌区，当灌区数量较多时，限于人力物力，不可能逐个对每一个灌区的灌溉水有效利用系数进行测算分析，为了能够正确反映区域灌溉水有效利用系数的平均水平，可以在区域内选取具有代表性的样点灌区，对样点灌区的灌溉水有效利用系数进行测算分析，然后，以点及面推算区域灌溉水有效利用系数平均值。

2.3.1.1　分析计算方法

一个区域内灌溉水有效系数的计算公式如下：

$$\eta_{区域} = \frac{\sum_{i=1}^{m}\sum_{j=1}^{n}\eta_{ij}W_{ij}}{\sum_{i=1}^{m}\sum_{j=1}^{n}W_{ij}} \tag{2.20}$$

式中　$\eta_{区域}$——某区域灌区灌溉水有效利用系数；

$\quad\quad\eta_{ij}$——第 i 种规模与类型第 j 个灌区灌溉水有效利用系数；

$\quad\quad W_{ij}$——第 i 种规模与类型第 j 个灌区年毛灌溉用水量，万 m³；

$\quad\quad m$——某区域灌区规模与类型个数，$m=1\sim4$；分为大型、中型、小型、纯井 4 种；

$\quad\quad n$——某种规模与类型灌区数量，个。

分层分类确定样点灌区后，逐个对各样点灌区的灌溉水有效利用系数进行测算分析，以样点灌区测算值为基础，推求该类灌区或该层灌区灌溉水有效利用系数的平均值，进而利用不同类或层灌区的毛灌溉水量为权重，计算得出区域灌溉水有效利用系数的加权平均值。计算公式如下：

$$\eta_{区域} = \frac{\sum_{i=1}^{m}\left(\frac{1}{n'}\sum_{j=1}^{n'}\eta_{ij}W_i\right)}{\sum_{i=1}^{m}W_i} \tag{2.21}$$

式中　n'——某种规模与类型灌区样点灌区数量，个；

$\quad\quad W_i$——某区域第 i 种规模与类型灌区年毛灌溉用水量，万 m³；

其他符号意义同前。

2.3.1.2　区域样点灌区选择方法

在分析区域灌溉水有效利用系数时，样点灌区选择及其代表性是关键。从概率统计学角度，有许多抽样方法，即选取样点的方法，最常用的有概率抽样和非概率抽样两种。

（1）概率抽样。概率抽样又称随机抽样，指在总体中排除主观因素，给予每一个体一定的抽取机会的抽样。其特点为，抽取样本具有一定的代表性，可以从调查结果推断总体；但操作比较复杂，需要更多的时间，而且往往需要更多的费用。常用的概率抽样方法有：单纯随机抽样、系统抽样、整群抽样和分层抽样。

单纯随机抽样也称为简单随机抽样、纯随机抽样、SRS 抽样，是指从总体 N 个单位中任意抽取 n 个单位作为样本，使每个可能的样本被抽中的概率相等的一种抽样方式。

系统抽样也称为等距抽样、机械抽样、SYS 抽样，它是首先将总体中各单位按一定顺序排列，根据样本容量要求确定抽选间隔，然后随机确定起点，每隔一定的间隔抽取一个单位的一种抽样方式。

整群抽样又称聚类抽样，是将总体中各单位归并成若干个互不交叉、互不重复的集合，称之为群；然后以群为抽样单位抽取样本的一种抽样方式。

分层抽样又称分类抽样或类型抽样。将总体划分为若干个同质层，再在各层内随机抽样或机械抽样。分层抽样的特点是将科学分组法与抽样法结合在一起，分组减小了各抽样层变异性的影响，抽样保证了所抽取的样本具有足够的代表性。

（2）非概率抽样。非概率抽样又称非随机抽样，指根据一定主观标准抽取样本，令总体中每个个体的被抽取不是依据其本身的机会，而是完全决定于调研者的意愿。其特点是能反映某类群体的特征，是一种快速、简易且节省成本的数据收集方法。当研究者对总体具有较好的了解时可以采用此方法，或是总体过于庞大、复杂，采用概率方法有困难时，可以采用非概率抽样来避免概率抽样中容易抽到实际无法实施或"差"的样本，从而避免影响对总体的代表度。非概率抽样主要有 4 种方法：方便抽样、判断抽样、配额抽样、滚雪球抽样，非概率抽样分类见表 2.1。

一个区域可以是全国、省级区域或者水资源分区等其他地域分区。在一个区域内，灌区数量众多，灌区规模与类型、工程设施状况、管理水平等差别较大。从全国情况来说，灌溉面积小的灌区不到 50 亩，大的达 1000 多万亩，有的采用地面灌溉，有的采用喷灌、微灌；有的管理设施配套，管理水平高，有的管理落后。尽管千差万别，但总体上管理与技术人员对于灌区的相关情况都有一定了解和把握，根据灌区的这一特点，为了便于操作和节约成本，采用非概率抽样中的配额抽样方法确定样点灌区。

由于灌区输水过程、田间灌溉是灌溉水损失的两个关键环节，这两个环节与灌区规模和类型具有直接关系，按照非概率抽样中的配额抽样方法，结合灌区实际情况，将区域内灌区按照规模与类型分层。考虑到与工作的衔接，可以按大型（不小于 30 万亩）、中型（1 万～30 万亩）、小型（小于 1 万亩）和纯井等 4 种规模与类型来分层，然后在每一个层内再进一步分类，如大型、中型灌区的灌溉面积跨度较大，可以进一步分类，大型灌区可以分为 30 万～50 万亩、50 万～150

万亩、150 万~300 万亩、300 万~500 万亩、500 万亩以上等 5 类，也可分为 6 类、7 类等；中型灌区也可进一步分为 1 万~5 万亩、5 万~15 万亩、15 万~30 万亩等 3 类或 4 类、5 类，根据实际需要来定。

表 2.1　　　　　　　　　　　　非 概 率 抽 样 分 类 表

分类 1级	分类 2级	概　念	优　点	缺　点
非概率抽样	方便抽样	根据调查者的方便选取的样本，以无目标、随意的方式进行	适用于总体中每个个体都是同质的，最方便、最省钱；可以在探索性研究中使用，另外还可用于小组座谈会、预测问卷等方面的样本选取工作	抽样偏差较大，不适用于要做总体推断的任何民意项目，对描述性或因果性研究最好不要采用方便抽样
	判断抽样	由专家判断而有目的地抽取他认为"有代表性的样本"	适用于总体的构成单位极不相同而样本数很小，同时设计调查者对总体的有关特征具有相当的了解（明白研究的具体指向）的情况下，适合特殊类型的研究（如产品口味测试等）；操作成本低，方便快捷，在商业性调研中较多用	该类抽样结果受研究人员的倾向性影响大，一旦主观判断偏差，则容易引起抽样偏差；不能直接对研究总体进行推断
	配额抽样	先将总体元素按某些控制的指标或特性分类，然后按方便抽样或判断抽样选取样本元素	适用于设计调查者对总体的有关特征具有一定的了解而样本数较多的情况下，实际上，配额抽样属于先分层（事先确定每层的样本量）再判断（在每层中以判断抽样的方法选取抽样个体）；费用不高，易于实施，能满足总体比例的要求	容易掩盖不可忽略的偏差
	滚雪球抽样	先随机选择一些被访者并对其实施访问，再请他们提供另外一些属于所研究目标总体的调查对象，根据所形成的线索选择此后的调查对象	可以根据某些样本特征对样本进行控制，适用寻找一些在总体中十分稀少的人物	有选择偏差，不能保证代表性

　　在每一个类中，综合考虑工程设施状况、管理水平、灌溉水源条件（提水、自流引水）、种植结构、地形地貌等因素选取样点灌区。理论上来说，样点灌区的数量越多越好，具体数量以能够反映区域整体水平、可操作、便于实施为原则来确定。

　　为选择确定好样点灌区，使样点灌区整体能够代表区域内灌区用水效率的平均水平，需要组织具有丰富经验的专家对区域内灌区的水资源状况、工程设施和管理情况等进行全面深入的调查和了解，在此基础上，通过对比分析、系统比较，确定样点灌区，最大限度地减少主观判断偏差，使所选样点灌区具有更强的代表性。

2.3.2　省级区域灌溉水有效利用系数

根据灌溉发展以及严格水资源管理制度考核实施的实际需要，以省级行政区为分析独立区域具有典型性和实用性，以其他要素诸如水资源分区、经济水平等划分区域的测算分析评价方法与省级区域的原理相同，这里以省级区域为例做详细说明。

2.3.2.1　省级区域样点灌区选择

各省级区域灌区数量多、差异大，如上所述，需要分层选择确定样点灌区，具体如下：

（1）以灌区规模与类型分层选取。样点灌区按照大型（不小于 30 万亩）、中型（1 万～30 万亩）、小型（小于 1 万亩）灌区和纯井灌区 4 种不同规模与类型选取。

（2）在同一种类型中，综合考虑灌区工程设施状况、管理水平、灌溉水源条件（提水、自流引水）、种植结构、地形地貌等因素，分析确定该类型的样点灌区，使选择的样点灌区综合后能代表全省该类型灌区的平均情况。不能只选择条件好的灌区，也不能只选择条件差的灌区，应该兼顾不同条件的灌区。

（3）同一类型中样点灌区应有足够数量，并且样点灌区规模要大小兼顾，使其能够代表该类的整体水平。例如，中型灌区，其规模范围为 1 万～30 万亩，在选择样点灌区时，不能只选 5 万亩左右的灌区，也不能只选 20 多万亩的灌区，而应该根据本省区域内中型灌区规模与类型分布，兼顾不同情况统筹选择确定样点灌区。

（4）在纯井灌区中，可以选择单井控制灌溉面积或井群控制灌溉面积作为一个样点灌区（测算单元），可以根据实际情况确定。影响井灌区灌溉水有效利用系数的主要因素是灌溉方式，在这一层中进一步根据土质渠道地面灌、防渗渠道地面灌、管道输水地面灌、喷灌、微灌等不同灌溉方式分别选择代表性样点，同一种灌溉方式至少选择 3 个样点灌区。样点灌区个数应根据本省级区域纯井灌区实际情况确定，以能代表纯井灌区灌溉水有效利用系数的整体情况为原则。

（5）样点灌区一般应具有一定的观测条件和灌溉用水管理资料等，并具备相应的技术力量。

2.3.2.2　样点灌区动态代表性

为使测算分析得到的灌溉水有效利用系数具有可比性，灌区样本应尽量保持稳定，一般不宜进行调整。但灌区工程改造、管理水平会不断变化，有时甚至年际间有较大变化，而限于资金投入和其他条件的制约，不可能对所有灌区按同样的投入和标准来进行改造，这样不同规模与类型样点灌区与全省（自治区、直辖市）同类灌区的平均变化情况可能发生较大差异，每年均应对灌区样本进行代表性分析，必要时进行合理调整，使灌区样本既能保持相对稳定，又能动态微调，确保始终代表全省（自治区、直辖市）的平均水平。

样本动态代表性影响因素多，一般需要全面、系统、深入分析省级区域内灌区整体变化和样点灌区变化情况作出判断。为简便起见，可以用工程改造投入作为判断因素，灌区工程节水改造投入直接影响灌溉工程的状况，故样本的动态代表性可以有效灌溉面积的亩均节水改造投入作为判别指标。

当省级区域内同种规模或类型全部样点灌区连续3年的亩均节水改造投入平均增加值与省级区域同规模或类型灌区的亩均节水改造投入平均增加值相差20%以内时，参与测算分析的样点灌区不作调整，以保持稳定；当两者相差大于等于20%时，应经省级区域主管部门充分论证并复核确认后，对参与测算分析的样点灌区可进行适当调整，使两者差值控制在20%之内；再以调整后的该规模或类型样点灌区的灌溉水有效利用系数测算分析值为基础，计算省级区域同规模或类型灌区的灌溉水有效利用系数。

如果具有充分的资料，也可采用其他方法判断灌区样本的动态代表性并作合理调整，但应确保其具有统计代表性。

2.3.2.3　省级区域不同规模与类型灌区灌溉水有效利用系数计算

（1）省级区域大型、中型和小型灌区灌溉水有效利用系数计算。各省级行政区大型、中型和小型灌区灌溉水有效利用系数，可依据不同规模样点灌区灌溉水有效利用系数算术平均后得到。计算公式为

$$\eta_L = \frac{1}{n} \sum_{i=1}^{n} \eta_{Li}$$
(2.22)

式中　η_{Li}——省级区域某规模第 i 个样点灌区灌溉水有效利用系数；

L——省级区域灌区规模类型，为大型、中型和小型3种类型；

n——省级区域某规模灌区样点灌区个数。

由于不同规模灌区数量、灌溉面积差异较大，样点灌区的选择结果可能对计算结果产生较大影响，可分规模灌区采取不同处理方式。

其中，大型灌区数量相对较少，且管理机构相对完善，测算条件较好，可全部纳入测算范围，依据各大型灌区灌溉水有效利用系数与用水量加权平均后得出该省（自治区、直辖市）大型灌区灌溉水有效利用系数。计算公式如下：

$$\eta_{省大型} = \frac{\sum_{i=1}^{N} \eta_{大i} W_{样大i}}{\sum_{i=1}^{N} W_{样大i}}$$
(2.23)

式中　$\eta_{省大型}$——本省（自治区、直辖市）大型灌区灌溉水有效利用系数；

$\eta_{大i}$——本省（自治区、直辖市）第 i 个大型灌区灌溉水有效利用系数；

$W_{样大i}$——本省（自治区、直辖市）第 i 个大型灌区年毛灌溉用水量，万 m^3；

N——本省（自治区、直辖市）大型灌区数量，个。

中型灌区灌溉面积在 1 万～30 万亩范围内，规模差异较大，可将中型灌区分为 1 万～5 万亩、5 万～15 万亩和 15 万～30 万亩 3 个档次进行计算，分别以 3 个档次样点灌区灌溉水有效利用系数为基础，采用算术平均法分别计算 3 个档次灌区的灌溉水有效利用系数；然后将汇总得出的 3 个档次灌区年毛灌溉用水量加权平均得出本省（自治区、直辖市）中型灌区的灌溉水有效利用系数。计算公式如下：

$$\eta_{省中型}=\frac{\eta_{1\sim5}W_{省毛1\sim5}+\eta_{5\sim15}W_{省毛5\sim15}+\eta_{15\sim30}W_{省毛15\sim30}}{W_{省毛1\sim5}+W_{省毛5\sim15}+W_{省毛15\sim30}} \tag{2.24}$$

式中　　　　　$\eta_{省中型}$——本省（自治区、直辖市）中型灌区灌溉水有效利用系数；

$\eta_{1\sim5}$、$\eta_{5\sim15}$、$\eta_{15\sim30}$——本省（自治区、直辖市）1 万～5 万亩、5 万～15 万亩和 15 万～30 万亩不同规模样点灌区灌溉水有效利用系数；

$W_{省毛1\sim5}$、$W_{省毛5\sim15}$、$W_{省毛15\sim30}$——本省（自治区、直辖市）1 万～5 万亩、5 万～15 万亩和 15 万～30 万亩不同规模灌区年毛灌溉用水量，万 m^3。

小型灌区灌溉面积均为 1 万亩以下，可参照式（2.22）对样点灌区灌溉水有效利用系数进行算术平均后得到。

（2）省级区域纯井灌区灌溉水有效利用系数计算。对于纯井灌区，首先采用算术平均法分别计算土质渠道地面灌、防渗渠道地面灌、管道输水地面灌、喷灌、微灌 5 种灌溉类型样点灌区的灌溉水有效利用系数；然后，按不同灌溉类型的年毛灌溉用水量加权平均计算全省（自治区、直辖市）纯井灌区的灌溉水有效利用系数。计算公式如下：

$$\eta_{省纯井}=\frac{\eta_{土}W_{土}+\eta_{防}W_{防}+\eta_{管}W_{管}+\eta_{喷}W_{喷}+\eta_{微}W_{微}}{W_{土}+W_{防}+W_{管}+W_{喷}+W_{微}} \tag{2.25}$$

式中　　　$\eta_{土}$、$\eta_{防}$、$\eta_{管}$、$\eta_{喷}$、$\eta_{微}$——土质渠道地面灌、防渗渠道地面灌、管道输水地面灌、喷灌和微灌 5 种类型样点灌区的灌溉水有效利用系数；

$W_{土}$、$W_{防}$、$W_{管}$、$W_{喷}$、$W_{微}$——省级区域土质渠道地面灌、防渗渠道地面灌、管道输水地面灌、喷灌和微灌 5 种类型纯井灌区的年毛灌溉用水量，万 m^3。

2.3.2.4　省级区域灌溉水有效利用系数计算

省级区域灌溉水有效利用系数是指省级区域年净灌溉用水总量与年毛灌溉用水总量的比值，计算公式如下：

$$\eta_{省} = \frac{W_{省净}}{W_{省毛}}$$ (2.26)

式中　$\eta_{省}$——省级区域灌溉水有效利用系数平均值；

$W_{省净}$——省级区域年净灌溉用水总量，万 m^3；

$W_{省毛}$——全省（自治区、直辖市）年毛灌溉用水总量，万 m^3。

全省（自治区、直辖市）年毛灌溉用水总量，等于全省（自治区、直辖市）大型、中型、小型和纯井灌区毛灌溉用水量之和：

$$W_{省净} = \eta_{省大型} W_{省大型} + \eta_{省中型} W_{省中型} + \eta_{省小型} W_{省小型} + \eta_{省纯井} W_{省纯井}$$ (2.27)

$$W_{省毛} = W_{省大型} + W_{省中型} + W_{省小型} + W_{省纯井}$$

式中　$W_{省大型}$、$W_{省中型}$、$W_{省小型}$、$W_{省纯井}$——全省（自治区、直辖市）大型、中型、小型灌区和纯井灌区的年毛灌溉用水量，万 m^3。

2.3.3　全国灌溉水有效利用系数的计算

2.3.3.1　全国大型灌区灌溉水有效利用系数计算

按照 2.3.2.3 得到的各省级区域大型灌区灌溉水有效利用系数后，用各省级区域大型灌区年毛灌溉用水总量加权平均得出全国大型灌区灌溉水有效利用系数。计算公式如下：

$$\eta_{全国大型} = \frac{\sum_{i=1}^{m} \eta_{i省大型} W_{i省大型}}{\sum_{i=1}^{m} W_{i省大型}}$$ (2.28)

式中　m——全国省级区域总数，$m=31$，当新疆生产建设兵团单列时，$m=32$；

$\eta_{i省大型}$——全国第 i 个省（自治区、直辖市）的大型灌区灌溉水有效利用系数；

$W_{i省大型}$——第 i 个省（自治区、直辖市）的大型灌区年毛灌溉用水总量，万 m^3。

2.3.3.2　全国中型灌区灌溉水有效利用系数计算

按照上述方法得到省级区域中型灌区灌溉水有效利用系数后，用各省级区域中型灌区年毛灌溉用水总量加权平均得出全国中型灌区灌溉水有效利用系数。计算公式如下：

$$\eta_{\text{全国中型}} = \dfrac{\sum\limits_{i=1}^{m} \eta_{i\text{省中型}} W_{i\text{省中型}}}{\sum\limits_{i=1}^{m} W_{i\text{省中型}}} \qquad (2.29)$$

式中 m——全国省级区域总数，$m=31$，当新疆生产建设兵团单列时，$m=32$；

   $\eta_{i\text{省中型}}$——全国第 i 个省（自治区、直辖市）的中型灌区灌溉水有效利用系数；

   $W_{i\text{省中型}}$——第 i 个省（自治区、直辖市）的中型灌区年毛灌溉用水总量，万 m³。

2.3.3.3 全国小型灌区灌溉水有效利用系数计算

按照上述方法得到省级区域小型灌区灌溉水有效利用系数后，用各省级区域小型灌区年毛灌溉用水总量加权平均得出全国小型灌区灌溉水有效利用系数。计算公式如下：

$$\eta_{\text{全国小型}} = \dfrac{\sum\limits_{i=1}^{m} \eta_{i\text{省小型}} W_{i\text{省小型}}}{\sum\limits_{i=1}^{m} W_{i\text{省小型}}} \qquad (2.30)$$

式中 $\eta_{i\text{省小型}}$——全国第 i 个省（自治区、直辖市）的小型灌区灌溉水有效利用系数；

   $W_{i\text{省小型}}$——第 i 个省（自治区、直辖市）的小型灌区年毛灌溉用水总量，万 m³；

   其他符号意义同前。

2.3.3.4 全国纯井灌区灌溉水有效利用系数计算

按照上述方法得到各省级区域纯井灌区灌溉水有效利用系数后，用各省级区域纯井灌区年毛灌溉用水总量加权平均得出全国纯井灌区灌溉水有效利用系数。计算公式如下：

$$\eta_{\text{全国纯井}} = \dfrac{\sum\limits_{i=1}^{m} \eta_{i\text{省纯井}} W_{i\text{省纯井}}}{\sum\limits_{i=1}^{m} W_{i\text{省纯井}}} \qquad (2.31)$$

式中 m——全国省级区域总数，$m=31$；当新疆生产建设兵团单列时，$m=32$；

   $\eta_{i\text{省纯井}}$——全国第 i 个省（自治区、直辖市）的纯井灌区灌溉水有效利用系数；

   $W_{i\text{省纯井}}$——第 i 个省（自治区、直辖市）的纯井灌区年毛灌溉用水总量，万 m³。

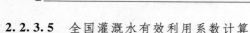

2. 2. 3. 5　全国灌溉水有效利用系数计算

按照上述方法得到各省（自治区、直辖市）灌溉水有效利用系数后，用各省（自治区、直辖市）年毛灌溉用水总量加权平均得出全国灌溉水有效利用系数。计算公式如下：

$$\eta_{\text{全国}} = \frac{\sum\limits_{i=1}^{m} W_{i\text{省净}}}{\sum\limits_{i=1}^{m} W_{i\text{省毛}}} = \frac{\sum\limits_{i=1}^{m} \eta_{i\text{省}} W_{i\text{省毛}}}{\sum\limits_{i=1}^{m} W_{i\text{省毛}}} \tag{2.32}$$

式中　$\eta_{\text{全国}}$——全国灌溉水有效利用系数；

其他符号意义同前。

第3章 数据分析软件与信息管理系统开发

全国及区域灌溉水有效利用系数的测算分析涉及面广，数据采集、分析处理、信息管理工作量大，任务繁重。为了规范数据分析处理流程和统计分析方法，提高数据处理能力以及信息管理效率，根据实际工作需要，开发了灌溉水有效利用系数数据分析与信息管理系统，为及时跟踪测算全国及各省（自治区、直辖市）灌溉水有效利用系数的动态变化提供了高效的技术手段。

3.1 数据处理与信息管理

3.1.1 常用的数据收集、整理方法与步骤

（1）常用的数据收集、整理方法。数据的来源一般有两个渠道：①通过统计调查、科学试验、量测观测直接获得（第一手数据）；②通过查阅资料等间接获得（第二手数据）。统计调查是获得第一手数据的重要途径，他们常常通过访问、邮寄、电话、电脑辅助等形式来收集数据；科学试验、量测观测是取得科学数据的主要手段。各种文献资料、报刊杂志、广播、电视媒体等提供了大量的统计数据，通过这些资料或媒体可以获得第二手数据。

数据处理有归纳法（可应用直方图、分组法、层别法及统计解析法）、演绎法（可应用要因分析图、散布图及相关回归分析）、预防法（通称管制图法，包括 Pn 管制图、P 管制图、C 管制图、U 管制图、管制图、X-Rs 管制图）等常用方法。

（2）数据处理的一般步骤。数据处理的一般步骤为：①数据调查；②收集数据、制表；③整理数据；④绘图、描述数据；⑤分析数据；⑥得出结论。数据处理流程图如图 3.1 所示。

3.1.2 数据处理与信息管理

灌溉水有效利用系数测算分析主要采取统计调查、科学试验、量测观测方法，同时利用相关权威资料，对全国各省（自治区、直辖市）不同规模与类型样点灌区的有效灌溉面积、灌溉用水量、节水灌溉工程面积以及年平均降水量、节水灌溉投资等有关数据进行收集与整理。

（1）数据处理与核验。

1）数据合理、代表性。在收集数据过程中，将数据进行分类制表、绘图，

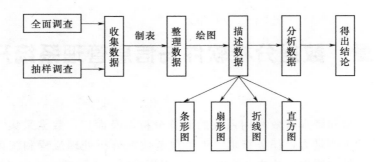

图 3.1　数据处理流程图

从中可以发现一些潜在的规律和特征，对于明显存在问题的数据与有关省（自治区、直辖市）进行求证、核实，力求数据的合理性与代表性。

2）前后格式、类型统一性。在对不同类型数据进行分类过程中，对于分类不正确的数据进行整合，对异常点进行舍弃，力求数据整理前后所具备条件的一致性，并保持各单元之间的数据格式和类型统一。

3）引用数据的一致性。引用别人发表的二手数据应注意其条件的适用性、方法一致性与原理相似性。在数据收集过程中，由于个别省（自治区、直辖市）的有关数据缺失，在数据来源可靠的前提下查阅相关资料，对原有数据进行补充完善。

（2）信息管理。鉴于各地所报数据不可避免地存在差错、异常等情况，首先要调查有关数据资料产生的背景，鉴别其真实性和可靠性，经甄别、去伪存真进行修正和处理；然后由有关专家对相关成果的可靠性、合理性进行分析，经进一步修改完善后，利用测算分析软件与信息管理系统录入数据，对有关数据进行有效管理，并实时登录、查询、统计与分析。

3.2　信息管理系统用户定位

测算分析软件与信息管理系统服务对象主要面向 4 类人员：①负责样点灌区灌溉水有效利用系数测算分析的技术人员；②负责本省（自治区、直辖市）灌溉水有效利用系数测算分析的专业技术人员；③负责全国汇总分析的专业技术人员；④信息管理系统的维护管理人员。基于此，将信息管理系统的开发划分为 3个层次，第一个层次是"样点灌区用户"，主要负责样点灌区相关数据的收集、整理、分析与上传；第二个层次是省级灌溉水有效利用系数测算分析信息管理系统（简称"省级系统"）开发，实现各省（自治区、直辖市）负责测算分析与汇总的技术人员进行数据的实时管理、更新和维护，并实现办公自动化，以提高工作效率和便于数据的统一管理；第三个层次是全国灌溉水有效利用系数测算分析信息管理系统（简称"全国系统"）开发，与省级系统无缝衔接，汇总管理全国测算分析数据，实现对各省（自治区、直辖市）测算成果的辅助审查复核，辅助分析全国灌溉水利用系数的影响因素、变化趋势、分布状况等规律，提高全国汇总分析工作效率，减轻工作负担并实现办公自动化。

3.3　信息管理系统开发原则

灌溉水有效利用系数测算分析信息管理系统开发遵循以下原则：

（1）完备性原则。系统的完备性包括数据的完备性和功能的完备性。数据的完备性是指数据处理分析方法科学合理、系统数据库中存储的信息足以满足实际工作的需要；功能的完备性是指系统除具备核心功能外，还应该具备各种辅助功能（如帮助功能等）。

（2）实用性原则。各省（自治区、直辖市）灌溉用水等情况差异大，且随时间而变化，所开发的系统要适应性强，满足实际工作各项要求。同时，应用界面要简洁，易于操作，方便实用。

（3）先进性原则。系统开发要具有超前意识，尽量采用先进和成熟的计算机软、硬件技术，使新建立的系统能够最大限度地适应今后技术和业务发展变化的需要。

（4）可扩充性、可维护性原则。采用结构化和模块化的系统开发方案，使得在系统业务需求发生变更或增加新功能时，可以方便地修改和扩充，也可使系统的维护和移植变得方便。

（5）可靠性原则。系统涉及的信息量大、处理繁杂，因此要求系统有较高程度的可靠性，各部分要具有较高的独立性，即使某部分发生错误，也不会扩散而影响整个系统的使用，更不会造成数据的丢失或毁坏。

（6）安全性原则。维护数据的完整性、一致性、可靠性、安全性，采用权限控制、密码控制、数据备份与恢复等措施，避免数据被窃取、篡改、毁坏，保证系统的安全性。

（7）规范性原则。系统的设计与开发全过程必须遵循国家标准和行业标准，使得本系统可以与其他已有的系统和新开发的系统做到数据结构一致，暴露接口一致，方便日后与其他系统的融合与衔接。

3.4　系统开发目标与总体框架

充分利用现代信息管理技术，以计算机辅助进行样点灌区灌溉水有效利用系数测算分析、数据复核，由点及面，分步汇总分析各省（自治区、直辖市）和全国灌溉水有效利用系数，并利用计算机丰富的信息处理和表现能力，分析全国灌溉水有效利用系数的影响因素、分布状况、变化趋势等，为我国灌溉水有效利用系数状况评价、政府宏观决策、节水灌溉发展规划提供参考依据。

　　灌溉水有效利用系数测算分析信息管理系统总体设计框架如图 3.2 所示。系统划分为 3 层结构，即数据层、算法层和表现层。整个系统的设计和开发遵循以上开发原则，为保证系统的易用性和维护数据的合理性、完整性，将数据的合理性检查贯穿于信息系统的整个过程。

图 3.2　灌溉水有效利用系数测算分析信息管理系统设计总体框架

3.5　系统数据库

　　数据库系统采用集中部署的方式，所有数据统一存储，即样点灌区数据、各省（自治区、直辖市）数据、全国数据都存储在一个数据库中。主要作用：①统一各省（自治区、直辖市）上报数据格式；②维护测算数据的完整性和连续性；③便于对数据进行复核与分析；④建立信息管理与应用的基础数据源。

3.5.1　数据库选择

　　综合考虑各省（自治区、直辖市）测算数据的规模，并考虑实用性的要求，系统建设采用 Oracle 数据库。Oracle 数据库系统是目前世界上最流行的关系数据库管理系统，系统可移植性好、使用方便、功能强，适用于各类大型机、中型机、小型机、微机环境。它是一种高效率、可靠性好的适应高吞吐量的关系型数据库。

3.5.2 数据库实现

数据库设计两个主要目标是：

（1）满足用户应用需求。将用户当前与可预知的将来所需要的数据及其联系等全部准确地存入数据库中，从而满足用户对数据进行存取、删改等操作。

（2）具有良好的数据库性能。对已存在数据具有高效率存取功能和有效地利用存储空间，并具有良好的数据共享性、完整性、一致性及安全保密性。

数据库主要是为系统测算分析软件提供可靠和完整的数据支持，同时尽可能完整地收集灌区的灌溉状况信息，为全国及各省（自治区、直辖市）测算、统计、分析、汇总灌溉用水状况等提供有力的数据保证。系统面向各种类型的灌区，为测算灌溉水有效利用系数提供统一的计算平台，根据测算分析工作需要，数据库存储的信息包括如下内容：

（1）灌区基本信息：包括样点灌区名称、地理位置、灌区类型、自然条件、社会经济、渠系状况、往年灌溉经验、作物种植情况等基本信息。

（2）灌溉用水情况：包括样点灌区的毛灌溉用水量、净灌溉用水量以及全省（自治区、直辖市）统计的毛灌溉用水量，以及为计算分析毛灌溉用水量和净灌溉用水量所涉及的数据和参数。

（3）灌区气象信息：包括气象站的地理位置、降水量、风速、气温、湿度、日照等信息。

根据以上数据需求，通过分析、优化设计，构建了 7 个系统基本表、15 个业务基本表，共构建了 22 个主要基本表。

（1）组织机构表：用于存储全国各级组织机构和样点灌区的组织信息，主要包括组织机构编码、组织机构名称、组织机构级别编号、省级行政区地域分区等字段。

（2）系统模块表：主要用于存储系统功能模块，主要包括模块编码、模块名称、模块地址、图标、模块类型等字段。

（3）登录用户表：主要用于存储系统用户信息，主要包括组织机构编号、登录名、登录密码、用户名、是否是管理员、是否被禁用等字段。

（4）角色表：主要用于存储角色信息，主要包括组织机构编号、角色类型、角色名称等字段。

（5）权限表：主要用于存储系统权限信息，主要包括编号、权限字段。

（6）角色模块权限关系表：主要用于存储角色、模块、权限的关系。

（7）用户角色关系表：主要用于存储用户、角色关系。

系统管理基本表关系如图 3.3 和图 3.4 所示。

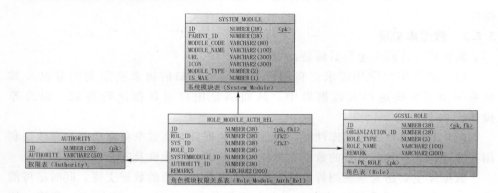

图 3.3　角色权限关系图

表间关系为关联关系，由程序保证数据一致性。

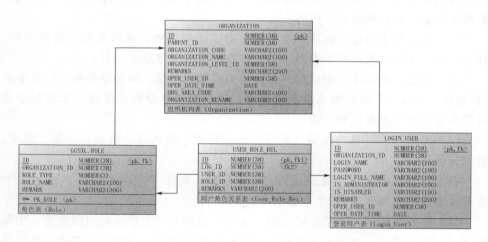

图 3.4　用户角色关系图

表间关系为关联关系，由程序保证数据一致性。

（8）样点灌区基本信息表：主要用于存储样点灌区的基本概况信息，包括灌区名称、位置、测算年份、灌区类型等字段。

（9）灌区毛灌溉用水量表：主要用于存储样点灌区的毛灌溉用水量信息，主要包括样点灌区渠系引水量、井灌提水量、塘坝供水量以及相应的计算参数等字段。

（10）灌区定额、净灌溉用水量表：主要用于存储样点灌区的净灌溉用水量，主要包括截止年度、实灌面积、播种面积、综合亩均净灌定额、净灌溉水量等字段。

（11）作物净灌溉用水量表：主要用于存储灌区作物净灌溉用水量的计算，通过作物净灌溉定额推求灌区净灌溉用水量。主要包括作物名称、作物类型、种植面积、作物需水量及计算参数、作物灌溉需水量及计算参数等字段。

（12）作物灌溉信息表：主要用于存储作物灌溉的相关信息，主要包括作物名称编号、灌溉方式、典型田块数量、实灌面积、播种面积、平均亩产、亩均净灌溉用水量、净灌溉用水量等字段。

（13）作物名称表：主要用于存储作物的分类以及作物基本信息，主要包括编码、父编号、作物名称、作物级别等字段。

（14）典型田块信息表：主要用于存储作物典型田块的净灌溉用水量相关信息，主要包括测算方法、作物类型、具体位置、田块面积、是否充分灌溉方式、气象站点编号、最终选用亩均净定额（亩均净灌用水量）、净灌溉用水量等字段。

（15）灌次信息表：主要用于存储作物直接量测中的灌次信息，主要包括典型田块编号、灌溉前土壤体积含水率、灌溉后土壤体积含水率、计划湿润层深度、灌溉前田面水深、灌溉后田面水深、净灌水量、灌水时间、生育期、实灌面积、田间持水率、灌水量、主要灌水作物等字段。

（16）作物 ET_c 计算方法表：主要用于存储作物在典型田块中使用的方法。

（17）作物分段单值平均 ET_c 信息表：主要用于存储作物在典型田块的观测分析法中，理论计算中进行分段单值平均法计算 ET_c 相关的信息，主要包括典型田块编号、K_{cIni}、K_{cMid}、K_{cEnd}、播种日期、初始生长末期、快速发育末期、生育中末期、收割、合计、合计 ET_c 等字段。

（18）按月作物 ET_c 信息表：该表主要用于存储作物在典型田块的观测分析法中理论计算中进行按月划分法计算 ET_c 相关的信息，主要包括典型田块编号、作物名称、播种日期、收割日期、逐月 K_c 值等字段。

（19）气象站基本情况表：该表主要用于存储气象站的基本概况信息，包括气象站名称、位置、年份、多年平均降水量等字段。

（20）气象站详细信息表：该表主要用于存储气象站各观测项目的逐日信息，包括日降水、日最高气温、日最低气温、日照时数、2m 高处风速、日平均湿度、日 ET_0 结果等字段。

（21）全省（自治区、直辖市）灌区统计表：该表主要用于存储各省（自治区、直辖市）全年各类型灌区的灌溉用水量统计值以及灌溉工程情况，包括灌区个数、有效灌溉面积、实际灌溉面积、节水灌溉面积、灌溉用水量等统计信息字段。

（22）灌溉水有效利用系数表：该表主要用于存储参与计算的样点灌区以及省级各规模与类型样点灌区的系数，主要包括样点灌区编号、截止年度、数据状态、灌区类型、井灌类型、毛灌溉用水量、净灌溉用水量、灌溉水有效利用系数等字段。

业务基本表关系如图 3.5 和图 3.6 所示。

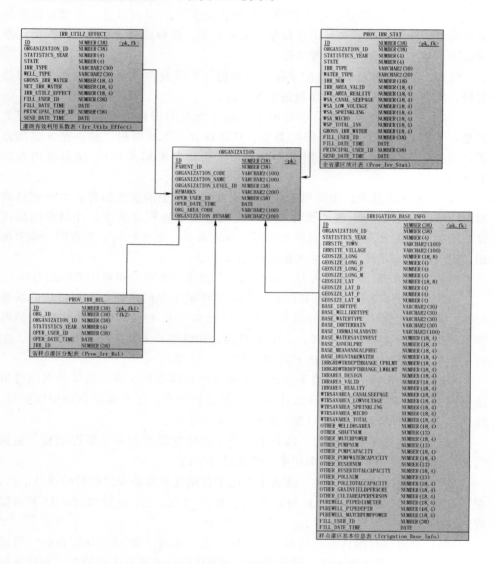

图 3.5　省级样点灌区分配及测算系数表间关系图

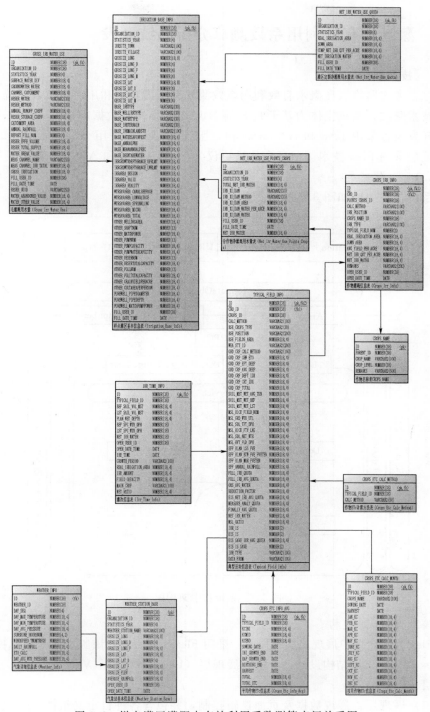

图 3.6 样点灌区灌溉水有效利用系数测算表间关系图

3.6　灌溉水有效利用系数测算分析系统开发

3.6.1　技术架构

综合考虑网络版灌溉水有效利用系数测算系统的功能和用户对象，系统采用主流技术路线，系统主体为基于 B/S 的 N 层体系架构，数据库采用 Oracle 数据库，开发语言采用 Java 和 ActionScript，服务器端实现采用 Java 相关技术，前台表现层采用 Flex 技术。前后台传输协议为 HTTP 协议和 AMF 协议。

3.6.1.1　总体架构

系统技术架构如图 3.7 所示。

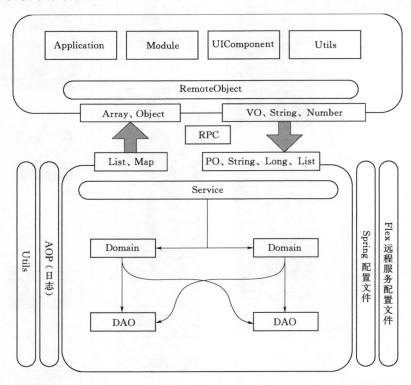

图 3.7　系统技术架构图

3.6.1.2　Flex 端架构

Flex 为前台用户展现层实现技术，采用 Flex 4.6 版本，该版本技术成熟稳定。在 Flex 端采用三层结构设计，分别为展现层（UI）、数据层（VO、Object）、远程访问层（Remote）。

（1）展现层：展现数据及页面逻辑控制，并包含各种自定义组件。

（2）数据层：存储数据作为载体，存储 UI 中需要展现的数据和传送数据到服务器端。

（3）远程访问层：与服务器端交互，调用服务器接口方法，传递数据对象。

Flex 端技术架构如图 3.8 所示。

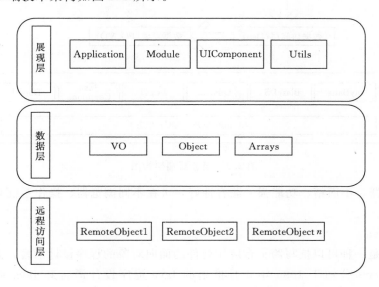

图 3.8　Flex 端技术架构图

3.6.1.3　服务器端架构

服务器端采用 Java 语言，采用 1.6 版本，该版本成熟稳定，支持主流的Java开源框架。

系统服务器端逻辑上定义了两层架构，为服务接口层和数据访问层。

系统服务器端在 Spring 框架基础上集成了 BlazeDS，Quartz，AspectJ 等优秀的 Java 开源框架，集数据库连接池、事务控制、任务调度、WebService 接口、AOP 等功能于一身。具有很强的扩展性、稳定性和安全性，具有很高的并发性，可满足系统的各种业务需求。

服务器端架构如图 3.9 所示。

3.6.1.4　系统技术介绍

1. Flex

Flex 是一个高效、免费的开源框架，可用于构建具有表现力的 Web 应用程序，这些应用程序利用 Adobe Flash Player 和 Adobe AIR，运行时跨浏览器、桌面和操作系统实现一致的部署。他们可以跨所有主要浏览器、在桌面上实现一致的运行。超过 98% 的计算机中装有 Flash Player，这是一款高级客户端运行时使

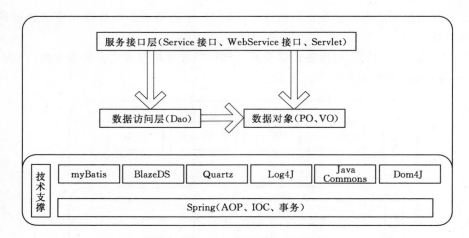

图 3.9　服务器端架构图

用的播放器，小而精、功能强、兼容性好，可在不同浏览器、操作系统和移动设备上使用。

2. Java

Java 是一种可以撰写跨平台应用软件的面向对象的程序设计语言，是由 Sun Microsystems 公司于 1995 年 5 月推出的 Java 程序设计语言和 Java 平台（即 JavaSE，JavaEE，JavaME）的总称。Java 技术具有卓越的通用性、高效性、平台移植性和安全性，广泛应用于 PC 机、数据中心、游戏控制台、科学超级计算机、移动电话和互联网，同时拥有全球最大的开发者专业社群。在全球云计算和移动互联网的产业环境下，Java 更具备了显著优势和广阔前景。

3. Spring

Spring 是一个轻量级的控制反转（IoC）和面向切面（AOP）的容器框架，是为了解决企业应用程序开发复杂性由 Rod Johnson 创建的。框架的主要优势之一就是其分层架构，分层架构允许使用者选择组件，同时为 J2EE 应用程序开发提供集成的框架。Spring 使用基本的 JavaBean 来完成以前只可能由 EJB 完成的事情。从简单性、可测试性和松耦合的角度而言，任何 Java 应用都可以从 Spring 中受益。

4. BlazeDS

BlazeDS 是一个基于服务器的 Java 远程调用（remoting）和 Web 消息传递（messaging）技术，使得后台的 Java 应用程序和运行在浏览器上的 Flex 应用程序能够相互通信。

5. Quartz

Quartz 是 OpenSymphony 开源组织在 Job scheduling 领域又一个开源项目，

它可以与 J2EE 与 J2SE 应用程序相结合，也可以单独使用。Quartz 可以用来创建简单或复杂，甚至成千上万个 Jobs 这样复杂的日程序表。Jobs 可以做成标准的 Java 组件或 EJBs。

6. Log4j

Log4j 是 Apache 的一个开放源代码项目。通过使用 Log4j，可以控制日志信息输送的目的地是控制台、文件、GUI 组件、甚至是套接口服务器、NT 的事件记录器、UNIX Syslog 守护进程等；也可以控制每一条日志的输出格式；通过定义每一条日志信息的级别，能够更加细致地控制日志的生成过程。最令人感兴趣的就是，这些可以通过一个配置文件来灵活地进行配置，而不需要修改应用的代码。

7. AspectJ

AspectJ 是一个面向切面的框架，它扩展了 Java 语言。AspectJ 定义了 AOP 语法，所以它有一个专门的编译器用来生成遵守 Java 字节编码规范的 Class 文件。

3.6.1.4 开发工具

系统采用 Eclipse–indigo 和 Flash Builder4 作为开发平台。

Eclipse 是主流的 Java 开发平台，本系统服务端采用 Eclipse 平台研发。

Flash Builder4 是 Flex 最新版本的开发平台，本系统与用户交互的客户端采用 FlashBuilder 平台研发。

3.6.1.5 部署架构

系统采用集中部署的方式。各级用户通过互联网访问系统。系统部署如图 3.10 所示。

3.6.2 主体框架设计与实现

应用程序的设计与实现本来是两个相对独立的过程，但为了通俗易懂，将这两个方面结合在一起，首先给出程序的逻辑结构，然后介绍它的具体实现形式。

根据《全国灌溉水有效利用系数测算分析技术指南》和网络版填报系统的功能需求，将系统的用户级别扩展到部级、省级和样点灌区用户 3 级用户；从功能上将系统分为样点灌区用户功能、省级用户功能和部级用户功能三级功能体系。具体来说样点灌区用户功能，包含样点灌区信息管理、气象站信息管理等功能；省级用户功能，包含全省（自治区、直辖市）灌区统计信息管理、样点灌区用户上报数据审核、全省（自治区、直辖市）及各分类灌溉水有效利用系数测算、汇总查询等功能；部级用户功能，包含全国及各分类灌溉水有效利用系数测算、汇总分析等功能。系统的总体功能模块如图 3.11 所示。

根据以上应用程序的总体功能模块，系统采用 WebOS 的操作风格和 MDI（多文档界面）窗体设计方法，将应用程序实现，如图 3.12 和图 3.13 所示。

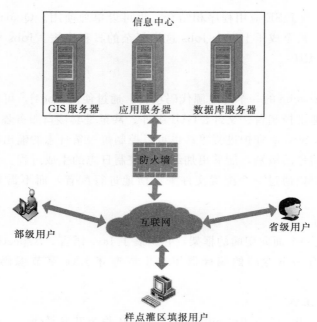

图 3.10　系统部署架构图

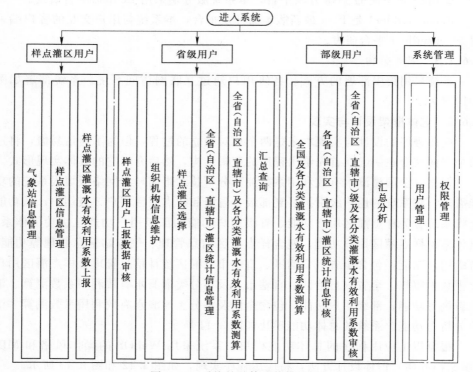

图 3.11　系统的总体功能模块图

图 3.12 WebOS 操作风格

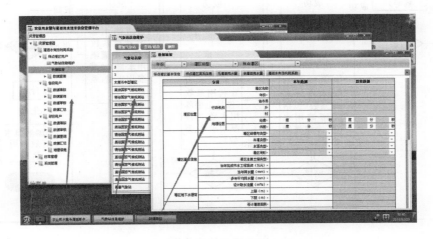

图 3.13 MDI 窗体

进入系统后是 WebOS 桌面,通过开始菜单或资源管理器可以打开多个功能模块,并可通过工具栏切换显示打开的功能模块窗口。

系统对全国灌溉水有效利用系数的测算主要是通过样点灌区用户填报毛灌溉用水量、净灌溉用水量等数据,测算出其灌溉水有效利用系数并上报省级,然后省级再根据各个样点灌区的用水量及系数测算省级不同规模与类型灌区及全省(自治区、直辖市)灌溉水有效利用系数,进而部级再根据各省(自治区、直辖市)灌溉用水量及系数测算出全国不同规模与类型灌区及全国灌溉水有效利用系数。各个环节均增加了复核及校核流程,以确保系数的合理性。系数测算总体流程如图 3.14 所示。

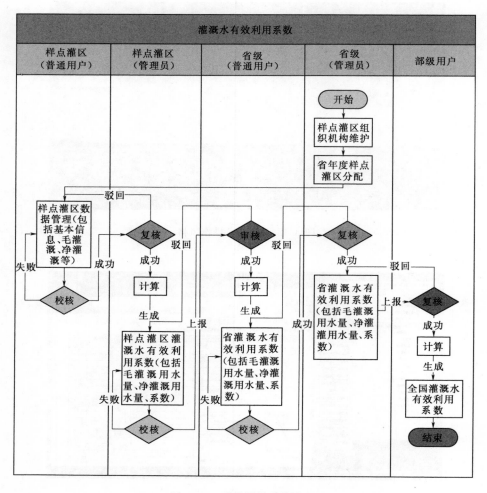

图 3.14　系数测算总体流程

3.6.3　各模块的设计与实现

1. 系统管理

系统管理包含用户管理和权限管理。

（1）用户管理。系统组织机构分为部级、省级、样点灌区用户等 3 级，其中，样点灌区用户负责辖区内直管的样点灌区的数据填报；省级审核样点灌区填报数据，测算各规模与类型灌区及全省（自治区、直辖市）灌溉水有效利用系数，并完成校核上报。组织机构如图 3.15 所示。

为灵活管理各级用户，系统为每一级组织均设置了两种用户类型，分别为管理员用户和普通用户。用户体系如图 3.16 所示。其中每一级管理员用户可以管理下级管理员用户和本级普通用户。管理员职责如图 3.17 所示。

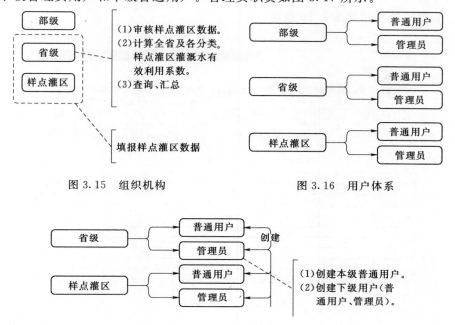

图 3.15　组织机构　　　　　　　　　　图 3.16　用户体系

图 3.17　管理员职责

用户管理界面如图 3.18 所示。

图 3.18　用户管理界面

（2）权限管理。系统实现了灵活的权限控制机制，在权限管理中包括了权限和角色。其中权限为各功能模块的权限项（填报、上报、查询、审核、汇总）；角色为一组权限的集合，其关联的范围限定在上级管理员授予的权限集合范围内。

权限管理界面如图 3.19 所示。

图 3.19　权限管理界面

用户授权过程：管理员用户创建角色，为角色关联权限，然后将角色授权给本级普通用户和下级管理员用户。用户授权过程如图 3.20 所示。

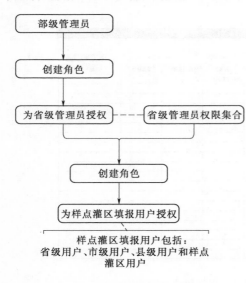

图 3.20　用户授权过程

2. 样点灌区用户数据填报模块

样点灌区用户数据填报模块是测算样点灌区灌溉水有效利用系数的核心模块，主要实现样点灌区的基本信息收集、毛灌溉用水量测算、净灌溉用水量测算和样点灌区灌溉水有效利用系数测算等功能。样点灌区系数测算流程如图 3.21 所示。

根据程序设计的需要，样点灌区信息管理模块进一步划分为样点灌区基本信息、毛灌溉用水量、净灌溉用水量、样点灌区灌溉水有效利用系数测算 4 个数据填报子模块；在净灌溉用水量模块中，包含分作物净灌水量计算和灌区综合净灌水定额计算两种方法，其中分作物净灌水量计算按照典型田块进行计算，又根据测算方法的不

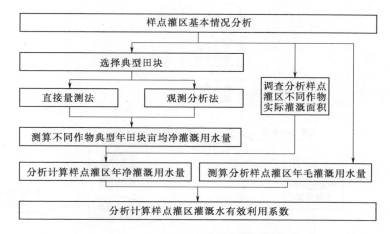

图 3.21 样点灌区系数测算流程

同，进一步划分为直接量测法、观测分析法和调查分析法 3 种测算方法；在观测分析法模块中，又根据添加作物类型的不同，进一步划分为水稻、一般旱作、作物套种和跨年作物 4 种情况的净灌溉用水量测算方法。样点灌区的填报测算流程如图 3.22 所示。

其他如样点灌区基本信息填报模块、毛灌溉用水量填报模块、净灌溉用水量填报模块、一般作物净灌溉用水量测算分析、水稻作物净灌溉用水量测算分析、跨年作物净灌溉用水量测算分析、套种作物净灌溉用水量测算分析等功能，这里不再赘述。

3. 气象站信息管理模块

气象站信息管理模块用于为样点灌区提供气象信息，并计算当年逐日参考作物蒸腾蒸发量。选择样点灌区对应的气象站，通过作物系数和逐日参考作物蒸发蒸腾量计算具体作物的潜在腾发量，并结合有效降水量与作物对地下水的有效利用量，由水量平衡方程推求作物的净灌溉需水量。

根据此要求，气象站信息管理模块需管理的数据包括气象站基本地理信息及详细的逐日最高气温、最低气温、平均相对湿度、日照时数、2m 高风速和降水量。涉及功能包括：气象站的添加、删除、查看/修改、逐日参考作物蒸腾蒸发量计算和外部气象站信息导入等功能。

气象站信息管理界面如图 3.23 所示，包括已有气象站信息的浏览和新建、查看/修改以及删除功能。气象站详细信息界面如图 3.24 所示，包括气象站详细信息的录入、查看、修改、保存等功能；为简化用户输入气象站信息的工作量，可事先按系统提供的格式录入 Excel 表，然后直接导入；在录入或导入完气象站信

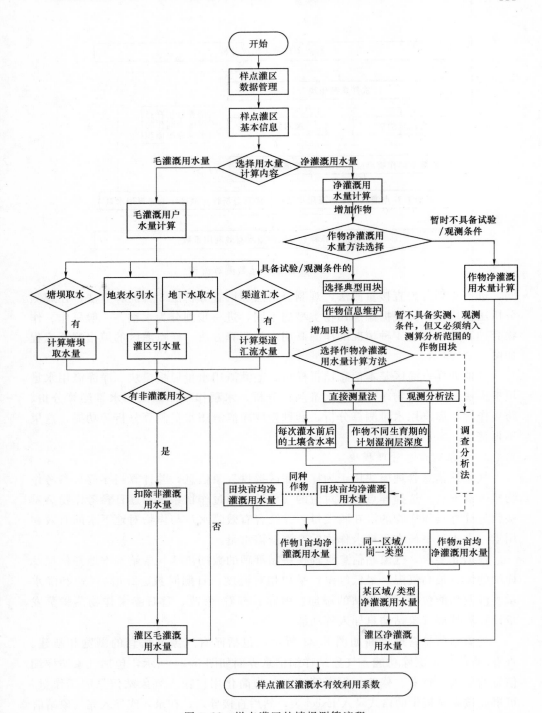

图 3.22　样点灌区的填报测算流程

息后，首先检查输入是否完整。若完整则根据气象站信息，按 FAO 彭曼-蒙特斯方法计算逐日参考作物蒸腾蒸发量（ET_0），其程序流程图如图 3.25 所示。

气象站名称	行政机构	年份	东经	北纬	高程/m	多年平均降水量/mm	当年降水量/mm	当年ET_0/mm
涪陵双石桥水库	涪陵区	2015	107.11666667	29.53333333	744	1095	1041	1527.1635
涪陵跃进水库灌区	涪陵区	2015	107.25	29.66666667	618	1095	1021	1533.0943
北碚站	北碚区	2016	108.6675	31.235	635	1175	1367	1224.5271
北碚站	北碚区	2015	108.6675	31.235	635	1175	1292	1206.0643
万盛国家一般气象站	万盛区	2016	106.91666667	28.98333333	599.8	1278	1642	1567.9941
万盛国家一般气象站	万盛区	2015	106.91666667	28.98333333	599.8	1278	1388	775.0361
渝北区气象站	渝北区	2016	106.91666667	29.73333333	464.7	1150	1133	1562.9342
惠民气象站	巴南区	2015	106.73361111	29.46805556	578	1082	1605	1500.0879
丛山气象站	黔江区	2015	108.78333333	29.53333333	870	1200	1075	679.9937
石塔河水库	长寿区	2016	107.06666667	30.15	391	1140	799	1410.4515
武华水库	长寿区	2016	107.01666667	29.91666667	333	1140	775	1414.3175
渣渣桥水库	长寿区	2016	107.06666667	30.00083333	335	1140	774	1413.7194
石塔河水库	长寿区	2015	107.2	30.15	391	1140	1083	731.6672
武华水库	长寿区	2015	107.01666667	29.91666667	333	1140	1093	732.8347
渣渣桥水库	长寿区	2015	107.06666667	30.00083333	335	1140	1081	732.3273
江津区	江津区	2016	106.4	29.7	220	1056	1135	1235.2203
江津气象站	江津区	2015	106.4	29.7	220	1056	1188	486.7805

图 3.23　气象站信息管理界面

图 3.24　气象站详细信息界面

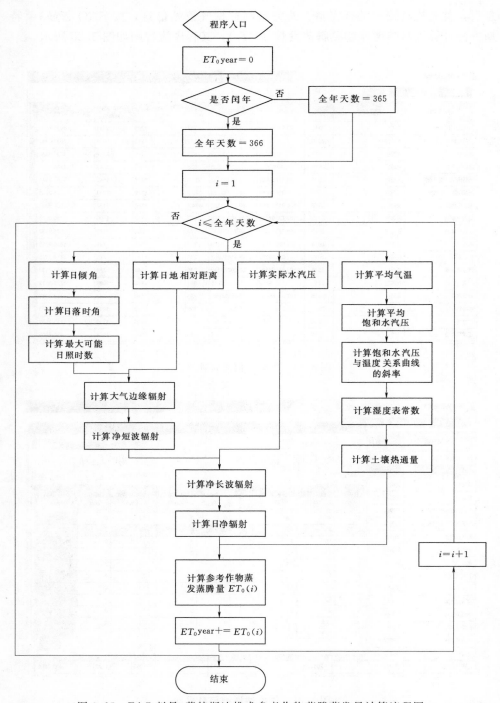

图 3.25　FAO 彭曼-蒙特斯法推求参考作物蒸腾蒸发量计算流程图

4. 全省（自治区、直辖市）灌区统计信息管理模块

该模块的功能是管理全省（自治区、直辖市）全年的灌溉取用水总量情况，以此汇总分析全省（自治区、直辖市）灌溉水有效利用系数。管理功能包括新建、查看/修改、删除、导出信息到 Excel 等功能。程序实现如图 3.26 所示。

| 灌区规模与类型 | | 个数 | 有效灌溉面积/万亩 | 实灌面积/万亩 | 节水灌溉工程面积/万亩 | | | | | 节水工程总投资/万元 | 年毛灌溉用水量/万m³ |
灌区规模	类型				防渗渠道衬砌面积	管道输水衬砌	喷灌	微灌	总计		
全省总计	总计	25670	1031.295	636.96	254.4563	42.99	8.15	3	308.5963	130868.05	194409.73
大型灌区	小计								0		
大型灌区	自流引水										
大型灌区	提水										
中型灌区1-5万亩	小计	97	147.17	84.83	56.5498	2.8868	2.492	0.08	62.0086	17092.1	29375.033
中型灌区1-5万亩	自流引水	92	139.39	81.57	56.295	2.73	2.492	0.08	61.597	14481.1	28057.19
中型灌区1-5万亩	提水	5	7.78	3.26	0.2548	0.1568			0.4116	2611	1317.843
中型灌区5-15万亩	小计	27	180.335	56.65	30.64	2.9	0.079	0.01	33.629	5369	17211.487
中型灌区5-15万亩	自流引水	24	96.965	47.42	29.52	2.74	0.079	0.01	32.349	4169	14944.93
中型灌区5-15万亩	提水	3	13.37	9.23	1.12	0.15			1.28	1200	2266.557
中型灌区15-30万亩	小计								0		
中型灌区15-30万亩	自流引水										
中型灌区15-30万亩	提水										
中型灌区	小计	124	247.505	141.48	87.185	5.79	2.57	0.09	95.635	22461.1	46586.53
中型灌区	自流引水	115	226.355	128.99	85.815	5.47	2.57	0.09	93.945	18650.1	43002.13
中型灌区	提水	9	21.15	12.49	1.37	0.32			1.69	3811	3584.4
小型灌区	小计	25546	783.79	495.48	167.2713	37.2	5.59	2.91	212.9613	108868.95	147823.2
小型灌区	自流引水	22170	640.28	415.03	140.1513	24.1	4.05	2.6	170.9013	86868.44	126715.2
小型灌区	提水	3376	143.51	80.45	27.12	13.1	1.53	0.31	42.06	21538.51	21108
纯井灌区	小计										
纯井灌区	微灌										

图 3.26　全省（自治区、直辖市）灌区统计信息管理界面

5. 全省（自治区、直辖市）灌溉水有效利用系数计算模块

全省（自治区、直辖市）灌溉水有效利用系数计算模块的主要功能是根据以上样点灌区测算结果通过水量加权的方式按灌区规模与类型（大型、中型、小型、纯井）汇总全省（自治区、直辖市）灌溉水有效利用系数的计算成果，并计算全省（自治区、直辖市）灌溉水有效利用系数。该模块同时包含了测算成果合理性检查功能和成果导出功能。具体实现界面及操作步骤如图 3.27 所示。

测算分析成果合理性检查功能的主要作用是辅助省级用户对全省（自治区、直辖市）灌溉水有效利用系数测算进行分析及合理性检查，以方便用户及时检查存在的问题，保障测算成果的代表性和合理性，为全国成果的汇总奠定可靠基础。具体合理性检查要点包括：①计算成果不能为负；②灌溉水有效利用系数不能大于1；③灌区的灌溉水有效利用系数一般符合"大型灌区＜中型灌区＜小型灌区＜纯井灌区"的规律；④纯井灌区类型中，灌溉水有效利用系数符合"土渠＜渠道防渗＜低压管道＜喷灌＜微灌"的规律；⑤在同等规模灌区中，灌溉水有效利用系数符合"自流灌区＜提水灌区"的规律。需要指出的是，成果合理性检查只是按照系数一般应体现的规律给出判断，提示用户可能存在的问题，但并

不强制用户修改计算成果。如果检查结果显示有疑点存在，但用户有充分的理由相信数据可靠，系统并不干预用户的后续操作。测算分析成果合理性检查模块的程序结构如图 3.28 所示，实现界面如图 3.29 所示。

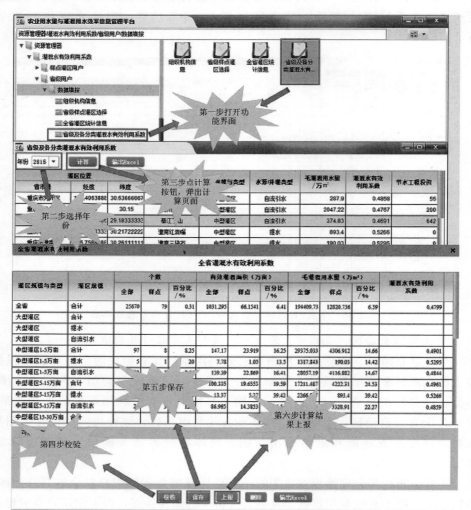

图 3.27　全省（自治区、直辖市）灌溉水有效利用系数计算界面及操作步骤

6. 全国灌溉水有效利用系数计算模块

全国灌溉水有效利用系数计算模块的主要功能是根据以上省级测算结果通过水量加权的方式按灌区规模与类型（大型、中型、小型、纯井）汇总全国灌溉水有效利用系数的计算成果，并计算全国的灌溉水有效利用系数。测算分析流程如图 3.30 所示。该模块同时包含了测算成果合理性检查功能和成果导出功能。具

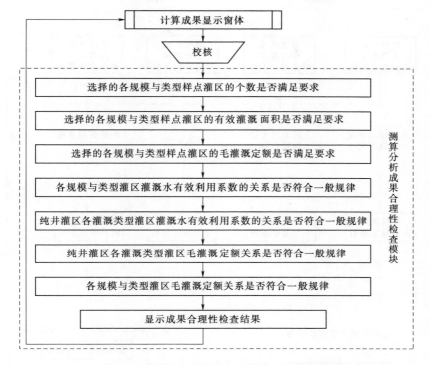

图 3.28 测算分析成果合理性检查模块设计

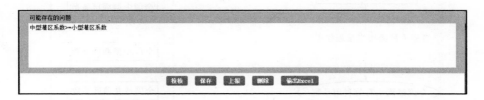

图 3.29 测算分析成果合理性检查结果显示界面

体实现界面如图 3.31 所示。

测算分析合理性检查参照同省级功能。

7. 全国灌溉水有效利用系数分析模块

该模块所需的参数有地区（全国、华北、东北、华东、西北、中南、西南）、年份、系数范围，它是针对具体某一区域内，分析各省（自治区、直辖市）所有规模与类型灌溉水有效利用系数的测算成果以及毛灌溉用水量。该模块的布局如图 3.32 所示。

该模块分规模与类型统计选定区域各省（自治区、直辖市）的灌溉用水状况，包括所有规模及分类的灌溉水有效利用系数和毛灌溉用水量。图表显示栏分

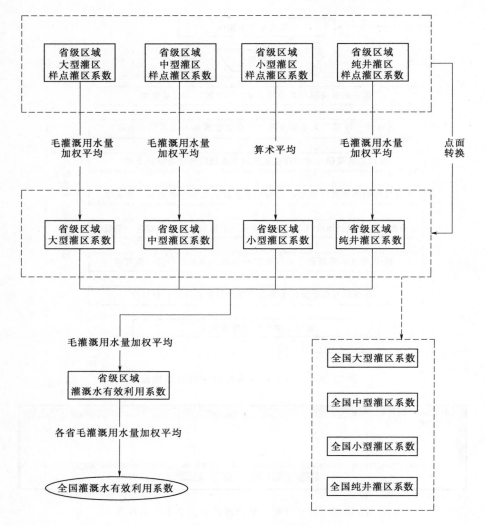

图 3.30　测算分析流程图

规模显示了不同统计项目的灌溉水有效利用系数，而且还可以选中只显示"所有规模""大型灌区""中型灌区""小型灌区"或"纯井灌区"，五者均选定可进行对比分析。图形显示形式可采用柱状图，也可采用曲线图，可以二维形式显示，也可以三维形式显示，为用户提供丰富美观的界面表现形式。通过对比分析，可以分析测算省（自治区、直辖市）成果的合理性等。图形可以保存为 jpg 格式，表格可按照所见即所得的方式保存为 Excel 文件。

8. 分省（自治区、直辖市）样点和全部灌区统计项目对比分析模块

该模块所需的参数有地区（全国、华北、东北、华东、西北、中南、西南）、

全国灌溉水有效利用系数

全省灌溉水有效利用系数

灌区规模与类型	水源类型	毛灌溉用水量 / 万m³	净灌溉用水量 / 万m³	灌溉水有效利用系数
大型灌区	自流引水	536941.72	249257.344	0.4642
大型灌区	提水	345161.1	160196.3919	0.4641
大型灌区	合计	882102.82	409442.4152	0.4642
中型灌区1万~5万亩	自流引水	374199.39	172343.316	0.4606
中型灌区1万~5万亩	提水	141317.323	67723.4562	0.4792
中型灌区1万~5万亩	合计	515516.713	240265.5666	0.4661
中型灌区5万~15万亩	自流引水	228951.58	104670.2022	0.4572
中型灌区5万~15万亩	提水	130122.557	62444.0135	0.4799
中型灌区5万~15万亩	合计	359074.137	167636.981	0.4669
中型灌区15万~30万亩	自流引水	30945.3	13312.6681	0.4302
中型灌区15万~30万亩	提水	18726.4	8263.9603	0.4413
中型灌区15万~30万亩	合计	49671.7	21507.8461	0.433
中型灌区	自流引水	634096.28	290337.2429	0.4579
中型灌区	提水	290166.28	138423.4443	0.477

可能存在的问题

大型灌区：水源类型为提水的系数 ≤ 自流引水的系数

[校核] [保存] [删除]

图 3.31 全国灌溉水有效利用系数测算界面

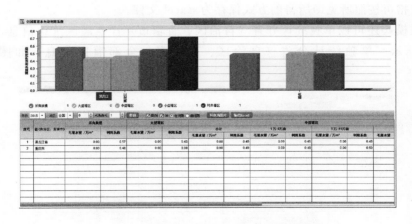

图 3.32 全国灌溉水有效利用系数分析模块

年份、图形显示选项（样点、总体、占比），它是针对具体某一区域内，以省（自治区、直辖市）为维度分别对比分析各省（自治区、直辖市）所有规模与类型的样点灌区和全部灌区的灌区个数。该模块的布局如图 3.33 所示。

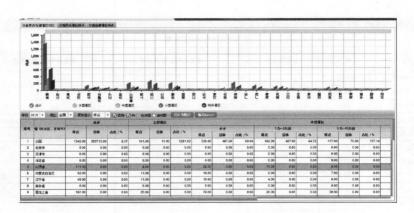

图 3.33 分省（自治区、直辖市）样点和全部灌区对比分析模块

该模块分规模与类型对比分析了选定区域各省（自治区、直辖市）的灌区个数、有效灌溉面积、节水灌溉工程面积、实际灌溉面积和毛灌溉用水量等指标，包括样点、总体和占比。图表显示栏分规模显示了不同统计项目的灌区个数、有效灌溉面积、节水灌溉工程面积、实际灌溉面积和毛灌溉用水量，而且还可以选中只显示"所有规模""大型灌区""中型灌区""小型灌区"或"纯井灌区"，五者均选定可进行对比分析。图形显示形式可以采用柱状图，也可采用曲线图，可以以二维形式显示，也可以三维形式显示，为用户提供丰富美观的界面表现形式。通过对比分析，可以分析测算省级成果的合理性等。图形可以保存为 jpg 格式，表格可按照所见即所得的方式保存为 Excel 文件。

该模块还可以单独统计分省（自治区、直辖市）样点灌区统计信息，如图 3.34 所示。单独统计分省（自治区、直辖市）全部灌区信息，如图 3.35 所示。

图 3.34 分省（自治区、直辖市）样点灌区统计

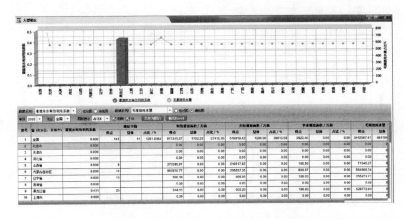

图 3.35 分省（自治区、直辖市）全部灌区统计

其他如有效灌溉面积、节水灌溉工程面积、实际灌溉面积和毛灌溉用水量的对比分析功能、界面与灌区数量相似，不再一一介绍。

9. 分省（自治区、直辖市）样点和全部灌区规模对比分析模块

该模块所需的参数有地区（全国、华北、东北、华东、西北、中南、西南）、年份、图形显示选项（样点、总体、占比），它是针对具体某一区域内，以省（自治区、直辖市）和指定灌区规模与类型为维度对比分析灌区数量、有效灌溉面积、节水灌溉工程面积、实际灌溉面积和毛灌溉用水量。该模块的布局如图3.36 所示。

图 3.36 分省（自治区、直辖市）样点和全部灌区规模对比分析模块

该模块分规模与类型对比分析了选定区域各省（自治区、直辖市）的灌区个数、有效灌溉面积、节水灌溉工程面积、实际灌溉面积和毛灌溉用水量等指标，包括样点、总体和占比。图表显示栏显示了不同统计项目的灌区个数、有效灌溉

面积、节水灌溉工程面积、实际灌溉面积和毛灌溉用水量，而且还可以选中两个"数据系列"，两者均选定可进行对比分析。图形显示形式可以采用柱状图，也可采用曲线图，可以以二维形式显示，也可以三维形式显示，为用户提供丰富美观的界面表现形式。通过对比分析，可以分析测算省（自治区、直辖市）成果的合理性等。图形可以保存为 jpg 格式，表格可保存为 Excel 文件。

10. 全国规模与类型影响分析模块

全国规模与类型影响分析模块主要功能是分析灌区规模与类型对灌溉水有效利用系数的影响情况。该模块界面如图 3.37 所示，大致可以分为表格显示区、统计结果显示区、图形显示区和命令操作区等 4 栏。表格显示区显示了全国及各省（自治区、直辖市）不同规模与类型灌区灌溉水有效利用系数测算值；统计结果显示区统计分析了全国或某分区各种规模与类型灌溉水有效利用系数均值、变化范围、均方差；图形显示区以图形化方式将统计结果显示出来，从而对比分析灌区规模与类型对灌溉水有效利用系数的影响情况；命令操作区可以对地区范围进行筛选，同时也可以选择单独某一省（自治区、直辖市），从而具体分析该省（自治区、直辖市）灌区规模与类型对灌溉水有效利用系数的影响。文件输出栏同样可以将统计图形和表格数据输出，该模块加载所需的参数有统计年份。

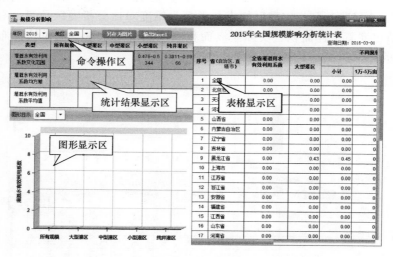

图 3.37　全国规模与类型影响分析模块

11. 地理信息模块

地理信息模块的主要功能是通过图形图像的方式，以省（自治区、直辖市）为单位，集中显示全国及各省（自治区、直辖市）各类灌区统计项目及灌溉水有效利用系数的空间分布，如图 3.38 所示。通过放大功能，可以看到不同规模与类型的样点灌区分布情况，通过不同颜色的图标加以区分，形象直观地了解样点灌区的分布情况，如图 3.39 所示。

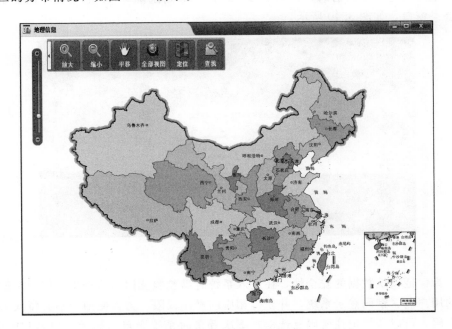

图 3.38　地理信息模块

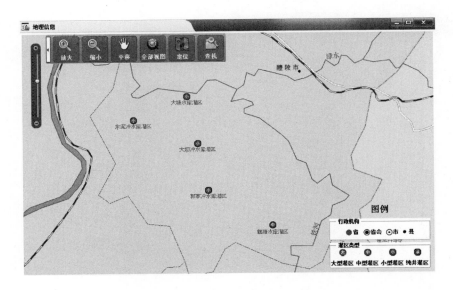

图 3.39　样点灌区分布

3.6.4　系统的使用

系统通过浏览器访问，在浏览器地址栏中输入系统 URL 地址，可以显示系统登录窗口，如图 3.40 所示。

图 3.40　登录窗口

为保证系统数据的安全性，在进入系统时需要验证用户的身份，用户根据合法的用户名、密码登录系统，并获得相应的操作权限。为方便用户不必每次都输入密码，可以选择记住密码复选框，下次登录时系统会自动显示用户名和密码，用户无需再次输入。系统的具体使用可见本软件使用说明，这里不再详述。

第 4 章　灌溉水有效利用系数测算分析方法应用

利用灌区灌溉水有效利用系数首尾分析法和区域灌溉水有效利用系数分析方法，以样点灌区为基础，采用点与面相结合，典型观测与统计分析相结合的方法，2006 年以来对各省（自治区、直辖市）及新疆生产建设兵团灌溉水有效利用系数进行了跟踪测算分析，对不同规模与类型灌区、各省（自治区、直辖市）和全国的灌溉水有效利用系数进行了分析评价。据不完全统计，全国每年参与测算分析工作的专家与技术人员逾万人，取得了丰硕成果，为全国灌溉用水效率评价和"十二五"行业规划提供了科学依据。

4.1　测算分析技术路线

根据第 2 章所述测算分析方法，考虑到工作量、实际条件和可操作性，各省（自治区、直辖市）在对本辖区内灌区综合调研的基础上，选择代表不同规模与类型的灌区作为样点灌区，搜集整理样点灌区有关资料，选择样点灌区典型观测地块，获取样点灌区典型地块净灌溉用水量测算结果，分析计算样点灌区净灌溉用水量以及灌溉水有效利用系数。以样点灌区测算结果为基础，逐级计算不同规模、不同类型以及本辖区的灌溉水有效利用系数。具体技术路线如下：

（1）各省（自治区、直辖市）对灌区情况进行整体调查，分析统计灌区的灌溉面积、工程与用水状况等，确定代表不同规模与类型、不同工程状况、不同水源条件与管理水平的样点灌区，构建本辖区灌溉水有效利用系数测算分析网络。

（2）搜集整理各样点灌区的灌溉用水管理、气象、灌溉试验等相关资料，并进行必要的田间观测，分析计算样点灌区的灌溉水有效利用系数；对各样点灌区数据进行整理分析和复核，以此为基础，分析推算全省（自治区、直辖市）大型灌区、中型灌区、小型灌区和纯井灌区的灌溉水有效利用系数。

（3）根据各省（自治区、直辖市）不同规模与类型灌区毛灌溉用水量和灌溉水有效利用系数，加权平均得到本省（自治区、直辖市）灌溉水有效利用系数。

（4）对各省数据进行分析复核，在此基础上，根据各省（自治区、直辖市）毛灌溉用水总量和灌溉水有效利用系数，加权平均得出全国灌溉水有效利用系数。

灌溉水有效利用系数测算分析技术路线流程如图 4.1 所示。

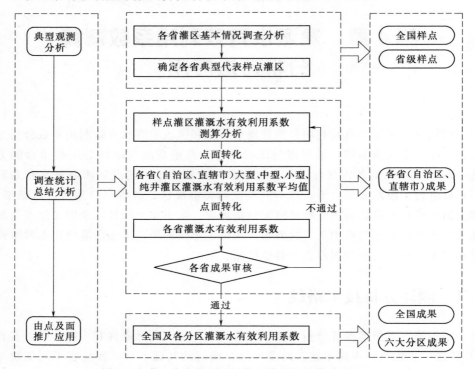

图 4.1　灌溉水有效利用系数测算分析技术路线流程

4.2　样点灌区网络构建

4.2.1　样点灌区选择

考虑样点灌区的代表性、可操作性等，全国样点灌区测算分析网络以各省（自治区、直辖市）样点灌区为基础构建，各省（自治区、直辖市）样点灌区按照以下原则与要求选择确定。

（1）选择原则。样点灌区按照大型（≥30 万亩）、中型（1 万～30 万亩）、小型（<1 万亩，不含纯井灌区，下同）灌区和纯井灌区 4 种不同规模与类型分类选取。同时综合考虑工程设施状况、管理水平、灌溉水源条件（提水、自流引水）、种植结构、地形地貌等因素确定。同类型样点灌区重点考虑不同工程设施状况和管理水平等因素，使选择的样点灌区综合后能代表全省（自治区、直辖市）该类型灌区的平均情况。

（2）数量要求。样点灌区个数依据以下要求确定：

1）大型灌区：对所有大型灌区进行测算分析。

2）中型灌区：按设计灌溉面积大小分为 3 个档次：中（Ⅰ）型＜5 万亩、中（Ⅱ）型 5 万～15 万亩和中（Ⅲ）型 15 万～30 万亩。每个档次的样点灌区个数不应少于本省（自治区、直辖市）相应档次灌区总数的 5％。同时，样点灌区中应包括提水和自流引水两种水源类型，样点灌区有效灌溉面积总和应不少于本省（自治区、直辖市）中型灌区总有效灌溉面积的 10％。

3）小型灌区：样点灌区个数应根据本省（自治区、直辖市）小型灌区的实际情况确定；同时，样点灌区应包括提水和自流引水两种水源类型，不同水源类型的样点灌区个数应与该类型灌区数量所占的比例相协调。有条件的省（自治区、直辖市）可以根据自然条件、社会经济状况、作物种类等因素分区选择样点灌区。

4）纯井灌区：一般应以单井控制面积或边界清晰的井群控制作为一个样点灌区（测算单元）。样点灌区个数应根据本省（自治区、直辖市）纯井灌区实际情况确定，样点灌区数量以能代表纯井灌区灌溉水有效利用系数的整体情况为原则。鉴于纯井灌区范围大、井数多的特点，应根据土质渠道地面灌、防渗渠道地面灌、管道输水地面灌、喷灌、微灌等不同灌溉类型选择代表性样点，同一种灌溉技术形式至少选择 3 个样点灌区。

（3）技术条件。翔实可靠的基础信息是衡量样点灌区灌溉用水水平的前提，合理的测算分析结果必须建立在良好的基础信息资料收集上。这就要求选择的典型样点灌区应具有一定的观测资料、灌溉试验资料、灌溉用水管理资料等，并具备相应的技术力量。

4.2.2 样点灌区网络（点）构建

影响灌溉水有效利用系数的因素较多，主要有灌溉工程状况、灌水技术、管理水平、灌区的类型和规模、灌区的自然条件等。鉴于我国自然气候、水资源条件以及不同省（自治区、直辖市）的灌区构成、工程状况、管理水平等差异较大，为了更好地反映实际情况，首先以 31 个省（自治区、直辖市）和新疆生产建设兵团，按照上述方法选择样点灌区后，以样点灌区为基础构建省级测算分析网络（点），进而形成与全国的网络体系。具体构建过程如下：

各省（自治区、直辖市）在对不同规模与类型灌区全面调查分析的基础上，根据本省（自治区、直辖市）实际情况与样点灌区的选择原则，确定代表本省（自治区、直辖市）大型、中型、小型灌区和纯井样点灌区，形成省级测算分析样点灌区网络（点），各省（自治区、直辖市）灌溉水有效利用系数以此网络（点）体系为基础进行测算分析；在省级测算分析网络（点）的基础上，根据分区特点，确定分区灌溉水有效利用系数计算分析样点体系和全国网络（点）体系，以此为基础动态跟踪灌溉水有效利用系数变化情况。为便于比较分析，样点灌区网络应具有一定的稳定性，对由于工程状况、管理水平变化引起的个别样点不具有代表性时，在进行数据分析时进行合理性调整，以保证基于样点的测算与统计分析成果始终代表该区域和全国的灌溉水有效利用系数的平均状况。测算分析网络（点）体系既要保持相对稳定，又要在年度间进行合理微调，使其代表灌溉水有效利用系数的年度实际情况。全国测算分析网络（点）体系构建过程如图4.2 所示。

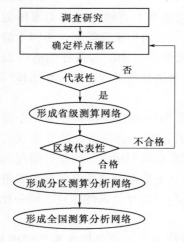

图 4.2　全国测算分析网络（点）
体系构建过程

4.2.3　全国样点灌区情况

2006 年开展测算分析以来，样点灌区的数量和代表性不断完善，在保持样点灌区基本稳定与连续性的基础上，根据测算分析工作要求，对样点灌区进行适当调整完善，使样点灌区更具有代表性，分布更加合理，逐步建立起科学合理的测算分析网络。2008 年后，各省（自治区、直辖市）样点灌区基本稳定。2014 年，全国样点灌区 3271 个，其中，大型样点灌区 438 个、占总样点灌区数的 13.4%，中型样点灌区 873 个、占26.7%，小型样点灌区 1387 个、占 42.4%，纯井样点灌区 573 个、占 17.5%，如图 4.3 所示。

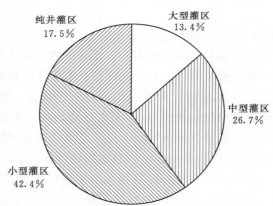

图 4.3　2014 年全国不同规模与类型样点灌区数量
占总样点灌区的比例

2008—2014 年全国样点灌区数量与样点灌区有效灌溉面积占比如图 4.4 所示。

2014 年，全国共有大型灌区 451 个，各省（自治区、直辖市）选择大型灌区样点灌区 438 处，其中提水灌区 75 个、自流引水灌区 363 个。

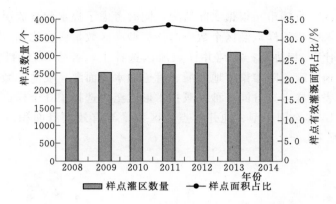

图 4.4　2008—2014 年全国样点灌区数量
与样点灌区有效灌溉面积占比

2014 年，中型样点灌区 873 个，占全国中型灌区总数的 11.8%；有效灌溉面积占全国中型灌区总有效灌溉面积的 17.4%。其中提水灌区样点数为 201 个、自流灌区为 672 个，分别占全国中型提水灌区、自流灌区个数的 12.5% 和 11.6%；提水、自流样点灌区有效灌溉面积分别占全国中型灌区提水、自流有效灌溉面积的 20.9%、18.4%。

2008—2014 年全国中型样点灌区数量与有效灌溉面积占比如图 4.5 所示。

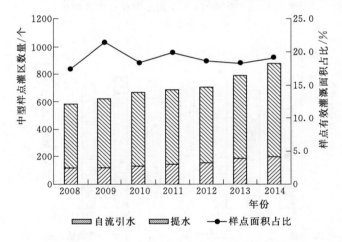

图 4.5　2008—2014 年全国中型样点灌区数量
与有效灌溉面积占比

小型灌区与纯井灌区由于数量大、单个面积小，在样点灌区选择上重点侧重于不同类型、不同工程状况的代表性，使其能代表小型灌区和纯井灌区的平均水平。2014 年全国小型样点灌区 1387 个，纯井样点灌区 573 个。小型样点灌区个数各省（自治区、直辖市）根据实际情况，同时考虑了提水和自流引水两种水源类型，不同水源类型的样点灌区个数应与该类型灌区数量所占比例（以下类型情况均简称"占比"）相协调；在纯井样点灌区选择上，各省（自治区、直辖市）根据土质渠道地面灌、防渗渠道地面灌、管道输水地面灌、喷灌、微灌等不同灌溉类型选择代表性样点，且同一种灌溉技术形式至少选择了 3 个样点灌区。

2008—2014 年全国小型、纯井样点灌区数量与有效灌溉面积占比分别如图 4.6 和图 4.7 所示。

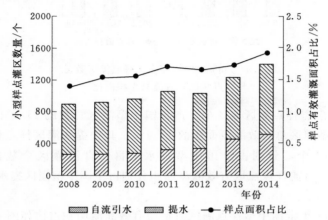

图 4.6　2008—2014 年全国小型样点灌区数量
和有效灌溉面积占比

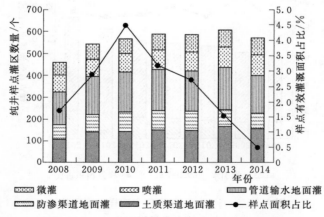

图 4.7　2008—2014 年全国纯井样点灌区数量
和有效灌溉面积占比

4.2.4　分区样点灌区分布

将全国按地理位置分为华北、东北、华东、西北、中南和西南 6 个区域，见

表 4.1。

表 **4.1**	不同区域基本信息表
区　　域	省（自治区、直辖市）
华北地区	北京、天津、河北、山西、内蒙古
东北地区	黑龙江、吉林、辽宁
华东地区	上海、江苏、浙江、安徽、福建、江西、山东
西北地区	陕西、甘肃、青海、宁夏、新疆（含新疆生产建设兵团）
中南地区	河南、湖北、湖南、广东、广西、海南
西南地区	重庆、四川、贵州、云南、西藏

2014 年全国 6 大分区中，华北地区样点灌区 427 个，占全国样点灌区的 13.0%；东北地区样点灌区 212 个，占全国样点灌区的 6.5%；华东地区样点灌区 1041 个，占全国样点灌区的 31.8%；西北地区样点灌区 428 个，占全国样点灌区的 13.1%；中南地区样点灌区 719 个，占全国样点灌区的 22.0%；西南地区样点灌区 444 个，占全国样点灌区的 13.6%，如图 4.8 所示。

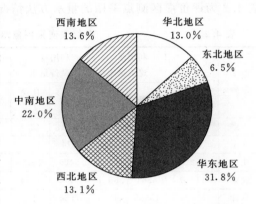

图 4.8　2014 年全国不同分区样点灌区数量占比

4.2.5　样点灌区量水技术与方法

1. 灌区量水方法

灌区量水与大江大河的水文测流不尽相同，其特点是既有明渠测流又有管道量水，既有人工渠系又有天然河道的测流问题，既有较大渠系又有很小渠道的测流问题，还有各种不同落差和分水条件下的测流问题，有清水水流也有挟沙水流的测流问题，有畅流条件下也有控制条件下的测流问题。总之，灌区流量测流既包含了小型河道测流的复杂问题和特殊水情（如涨落率大、水流不稳定等），又包含了渠系流量测流的特殊问题和一些专门要求。

根据测量要素的不同，灌区量水方法主要有 3 类：水位法、流速-面积法和体积法。

（1）水位法是通过测量水工建筑物的上、下游水位以及闸门开度等水情信息，再根据水位-流量关系计算出建筑物过水流量，是目前灌区使用最多的测流方法。

（2）流速-面积法基本原理是利用某种仪器测量或推算出过流流速，再乘以断面面积即得通过某断面的流量。

（3）体积法是最原始的一种测流方法，即通过测定某时段流过水量的体积，再除以时间就得到过流量。主要设备有农用分流式量水计、文氏短板量水计、转轮式量水计等。因其测量不方便，在当前灌区中的应用不是很多。

根据量水设施的不同，灌区常用的量水方法有水工建筑物量水（包括堰闸、跌水、渡槽、倒虹吸等）、特设量水设备量水（包括简易量水槛、无喉道量水槽、长喉道量水槽、平底量水槽、三角剖面堰等）、流速仪量水、标准断面水位流量关系量水以及浮标法量水等 5 种方法。

2. 灌区量水现状

2006 年，中国灌溉排水发展中心组织实施了全国大型灌区量水评价工作。表 4.2 为评价灌区测点采用的量水方法情况统计表。

表 4.2　　　　　　　　　各级渠道采用量水方法统计表

渠道级别	测点总数	利用水工建筑量水		利用特设设备量水		利用流速仪量水		利用标准断面量水		利用浮标法量水	
		个数	比例/%	个数	比例/%	个数	比例/%	个数	比例/%	个数	比例/%
干渠	2595	1441	55.5	314	12.1	439	16.9	388	15.0	13	0.5
支渠	6274	3050	48.6	874	13.9	797	12.7	1233	19.7	320	5.1
斗渠	15223	4714	31.2	5429	36.0	1605	10.6	1669	11.1	1806	12.0
农渠	11330	6361	56.1	1174	10.4	166	1.5	1844	16.3	1785	15.8
总计	35422	15566	43.9	7791	22.0	3007	8.5	5134	14.5	3924	11.1

从表 4.2 可以看出，灌区各种量水方法的比例由高到低依次是水工建筑物量水、特设量水设备量水、标准断面水位流量关系量水、浮标法量水和流速仪量水，分别为 43.9%、22.0%、14.5%、11.1% 和 8.5%，最多的是水工建筑物量水，最少的是流速仪量水。其中利用水工建筑物和特设量水设备量水占大多数，为 65.9%，利用浮标法量水和流速仪量水的不到 20%。

在灌溉水有效利用系数测算分析工作中，样点灌区渠首主要采用水工建筑物、标准断面、流速仪、量水堰槽、量水仪表等方式量水，或按照泵站运行时间、耗电量、耗油量等方式折算灌溉用水量。样点灌区水田净灌溉用水量主要采用水尺测量水深，旱作物净灌溉用水量主要采用土壤水分测定仪、取土法等方式获取净灌溉用水量，或在田块进水口设置薄壁堰、量水坎等简易量水设施观测进入典型田块灌溉用水量。

4.2.6　测算分析技术支撑队伍

各省（自治区、直辖市）根据统一要求，以水利（水电）科学研究院（所）、灌溉试验中心站、水利科技推广中心等单位，抽调技术骨干组成专家队伍，并对各灌区测算分析工作进行技术指导；各灌区也组织有关人员专门进行典型观测，为测算分析提供翔实数据，逐步建立起较为完善的系数测算分析技术支撑体系。水利部组织专家对各省（自治区、直辖市）测算分析成果的可靠性、报告完整性及成果合理性进行认真分析复核，提出具体修改意见，各省（自治区、直辖市）根据专家意见对报告进一步修改，形成最后测算分析成果。据不完全统计，每年全国参加测算分析工作的专家与技术人员逾万人。

4.3　灌溉面积和灌溉用水量分析

4.3.1　有效灌溉面积

根据灌溉水有效利用系数测算分析中灌区分类资料统计结果，2014 年全国有效灌溉面积达到 9.85 亿亩，约占全国耕地面积的 50%。灌溉面积主要分布在河北、河南、山东、黑龙江、江苏、安徽、新疆、内蒙古和四川 9 省（自治区），占全国总有效灌溉面积的 59.3%。不同规模与类型灌区有效灌溉面积所占比例由大到小依次是大型灌区、纯井灌区、小型灌区、中型灌区。2014 年不同规模与类型灌区有效灌溉面积所占比例，如图 4.9 所示。

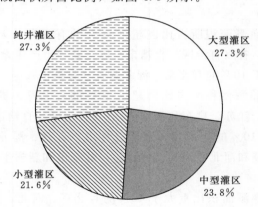

图 4.9　2014 年不同规模与类型灌区有效灌溉面积所占比例

全国大型灌区主要分布在新疆、山东、河南、安徽、湖北、内蒙古和四川 7 省（自治区），其面积占全国大型灌区有效灌溉面积的 60.0%。中型灌区主要分布在新疆、湖南、湖北、江苏、山东、安徽、黑龙江和广东 8 省（自治区），其面积占全国中型灌区有效灌溉面积的 52.1%。小型灌区主要分布在江苏、江西、安徽、湖南、四川、广西、云南、广东和浙江 9 省（自治区），占全国小型灌区有效灌溉面积的 70.0%。纯井灌区主要分布在黑龙江、河北和河南 3 省，占全国纯井灌区灌溉面积的 58.0%。2014 年各省（自治区、直辖市）和新疆生产建设兵团有效灌溉面积及不同规模与类型灌区有效灌溉面积对比如图 4.10 所示。

对各省（自治区、直辖市）灌溉面积构成分析，大型灌区的有效灌溉面积占

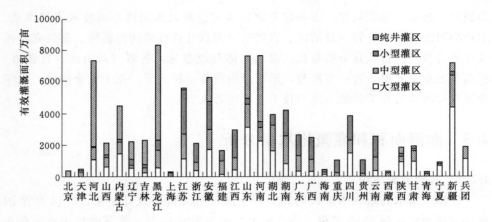

图 4.10　2014 年各省（自治区、直辖市）和新疆生产建设兵团有效灌溉面积对比

全省（自治区、直辖市）总有效灌溉面积比重超过 40％的有宁夏、新疆、陕西、甘肃、山东和湖北 6 省（自治区）以及新疆生产建设兵团；大型灌区有效灌溉面积比重小于 10％的有天津、福建和黑龙江 3 省（直辖市），上海、重庆、贵州、青海无大型灌区。

中型灌区有效灌溉面积所占比例超过 40％的有青海、天津、西藏、福建、湖北、湖南和海南 7 省（自治区、直辖市）以及新疆生产建设兵团；中型灌区有效灌溉面积比重小于 10％的有北京、河北两省（直辖市）。

小型灌区有效灌溉面积所占比例超过 40％的有上海、贵州、重庆、江西、浙江、广西、云南、江苏、广东和福建 10 省（自治区、直辖市）；小型灌区有效灌溉面积比重小于 10％的有山西、陕西、甘肃、吉林、黑龙江、河南、山东、内蒙古、宁夏、新疆和河北 11 省（自治区），北京市和新疆生产建设兵团无小型灌区。

纯井灌区有效灌溉面积比重大于 40％的有北京、河北、黑龙江、吉林、河南、辽宁和内蒙古 7 省（直辖市）；纯井灌区灌溉面积比重小于 10％的有新疆、甘肃、宁夏、青海、广东、江苏和福建 7 省（自治区），上海、浙江、江西、湖北、湖南、广西、海南、重庆、四川、贵州、云南和西藏 12 省（自治区、直辖市）以及新疆生产建设兵团无纯井灌区。

2013 年各省（自治区、直辖市）和新疆生产建设兵团不同规模与类型灌区有效灌溉面积比例如图 4.11 所示。

4.3.2　节水灌溉工程面积

2014 年全国节水灌溉工程面积达到 40663 万亩，其中，防渗渠道地面灌面积 19256 万亩，占节水灌溉工程总面积的 47.4％；管道输水灌溉面积 11136 万亩，占 27.4％；喷灌、微灌面积 4486 万亩，占 11.0％，其他节水灌溉工程面积

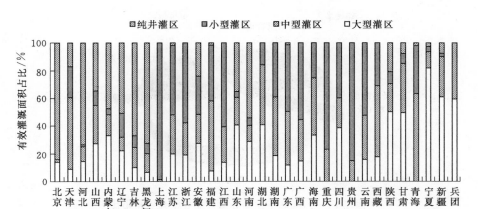

图 4.11 2013 年各省（自治区、直辖市）和新疆生产建设
兵团不同规模与类型灌区有效灌溉面积比例

5785 万亩，占 14.2%。2014 年全国节水灌溉工程面积构成如图 4.12 所示。

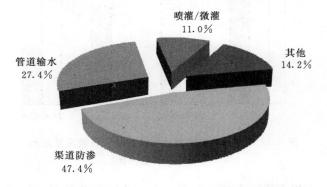

图 4.12 2014 年全国节水灌溉工程面积构成

其中，2014 年纯井灌区有效灌溉面积 24499 万亩，其中，土质渠道地面灌 10724 万亩，占 43.8%；防渗渠道地面灌 2046 万亩，占 8.4%；管道输水地面灌 7582 万亩，占 30.9%；喷灌 3564 万亩，占 14.5%；微灌 583 万亩，占 2.4%。2014 年全国纯井灌区灌溉工程面积构成如图 4.13 所示。

4.3.3 灌溉用水量

在灌溉水有效利用系数测算分析中，根据当年样点灌区亩均灌溉用水量推算出当年全国灌溉用水总量，2014 年全国灌溉用水总量 3531 亿 m³，不同规模与类型灌区灌溉用水量占比由大到小依次是大型灌区、中型灌区、小型灌区、纯井灌区，分别占全国总量的 33.6%、28.2%、24.3%、13.9%。2014 年不同规模与类型灌区有效灌溉面积所占比例和灌溉用水量所占比例如图 4.14 所示。

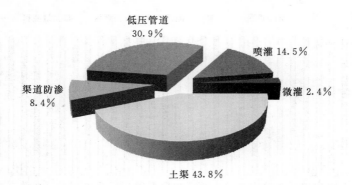

图 4.13   2014 年全国纯井灌区灌溉工程面积构成

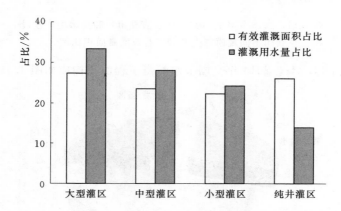

图 4.14   2014 年不同规模与类型灌区有效灌溉面积
和灌溉用水量占比

由图 4.14 可以看出，大型、中型、小型灌区的灌溉用水量占全国灌溉用水总量的比例均大于其有效灌溉面积占全国有效灌溉总面积的比例，而纯井灌区灌溉用水量所占比例远小于其有效灌溉面积的比例，能够反映出纯井灌区的灌溉水有效利用系数比其他规模与类型灌区要高。

由于灌溉面积、种植结构、气候条件等不同，各省（自治区、直辖市）灌溉用水量差异较大。新疆维吾尔自治区灌溉用水量最大，其次为江苏、黑龙江、广东、广西、湖南等省（自治区）。

2014 年各省（自治区、直辖市）和新疆生产建设兵团不同规模与类型灌区灌溉用水量及占比情况如图 4.15 所示。

2014 年，各省（自治区、直辖市）和新疆生产建设兵团大型灌区灌溉用水量占比超过 40％的有宁夏、新疆、四川、甘肃、内蒙古、辽宁、安徽、山东和陕西 9 省（自治区）及新疆生产建设兵团；中型灌区灌溉用水量占比超过 40％

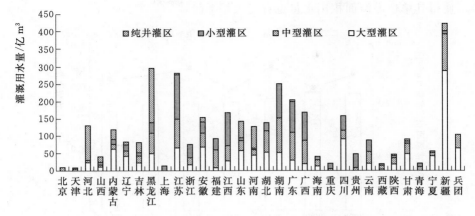

图 4.15　2014 年各省（自治区、直辖市）和新疆生产建设兵团
不同规模与类型灌区灌溉用水量及占比情况

的有青海、福建、西藏、湖北、海南和湖南 6 省（自治区）。小型灌区灌溉用水
量占比超过 40% 的有上海、贵州、重庆、江西、浙江、广西、江苏和广东 8 省
（自治区、直辖市）。纯井灌区灌溉用水量占比大于 40% 的有河北、北京、黑龙
江、河南和山西 5 省（直辖市）。2014 年各省（自治区、直辖市）和新疆生产建
设兵团不同规模与类型灌区灌溉用水量占比如图 4.16 所示。

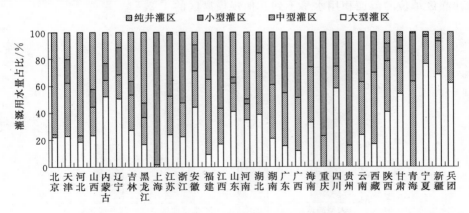

图 4.16　2014 年各省（自治区、直辖市）和新疆生产建设
兵团不同规模与类型灌区灌溉用水量占比

　　2008—2014 年全国单位灌溉面积用水量总体呈减少趋势（图 4.17）。大型灌
区单位灌溉面积用水量呈逐年递减趋势，这与我国从 20 世纪末开始推进大型灌
区续建配套与节水改造是分不开的。中型、小型灌区随着农业综合开发，中型灌
区改造及小型农田水利设施建设，节水灌溉面积不断增加，其单位灌溉面积用水
量也有所降低。纯井灌区中，节水灌溉面积的不断增加，高效节水技术不断推

广，使得其单位灌溉面积用水量也有了大幅下降。

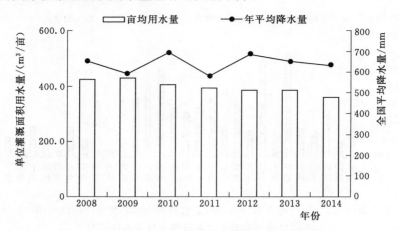

图 4.17　2008—2014 年全国单位灌溉面积用水量

　　分析历年数据可知，随着灌区规模减小，其输水距离缩短，输水过程简单，沿途水量损失减少，其单位灌溉面积用水量呈下降趋势。例如，2014 年全国不同规模与类型灌区单位灌溉面积用水量按大型、中型、小型灌区及纯井灌区依次分别为 470m³/亩、457m³/亩、413m³/亩、204m³/亩，如图 4.18 所示。其中，纯井灌区单位灌溉面积用水量不到其他规模灌区的 1/2。

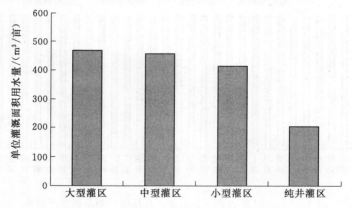

图 4.18　2014 年全国大型、中型、小型及纯井灌区
单位灌溉面积用水量

4.4　样点灌区灌溉水有效利用系数

　　样点灌区灌溉水有效利用系数是推求不同规模与类型灌区、各省（自治区、

直辖市）乃至全国灌溉水有效利用系数的基础，样点灌区代表了区域内灌区灌溉水有效利用系数不同状况，样点灌区集合能够代表区域灌溉用水效率的平均水平。分析样点灌区灌溉水有效利用系数的差异和特征可以从一个侧面了解不同规模与类型灌区用水效率的状况与差异，为直观表达各样点灌区灌溉水有效利用系数特点与规律，针对 2014 年样点灌区灌溉水有效利用系数分布情况，采用散点图和直方图形式进行分析。

4.4.1 大型灌区样点灌区灌溉水有效利用系数分布

将大型灌区分 30 万～50 万亩、50 万～100 万亩和 100 万～200 万亩和 200 万亩以上 4 种不同规模进行分析。2014 年，不同规模样点灌区灌溉水有效利用系数数值散点分布如图 4.19～图 4.22 所示。

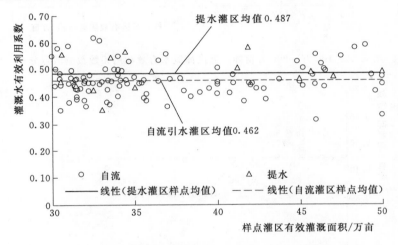

图 4.19 30 万～50 万亩样点灌区灌溉水有效利用系数数值散点分布

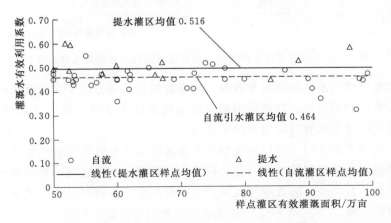

图 4.20 50 万～100 万亩样点灌区灌溉水有效利用系数数值散点分布

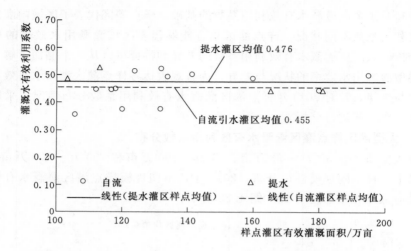

图 4.21　100 万～200 万亩样点灌区灌溉水有效利用系数数值散点分布

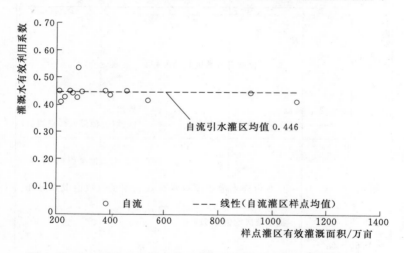

图 4.22　200 万亩以上样点灌区灌溉水有效利用系数数值散点分布

　　提水灌区样点灌区的灌溉水有效利用系数的均值明显高于自流灌区样点灌区的灌溉水有效利用系数，这是因为前者存在提水动力费用，用水成本相对较高，因此灌区更注重节水管理，用水效率较高。

　　以上可以看出，同一规模的大型样点灌区灌溉水有效利用系数数值呈现离散随机的特点，与灌区规模基本没有关联性，说明灌区工程状况、管理水平、区域条件具有显著差异性。随着灌区规模扩大，灌溉水有效利用系数呈减少趋势。

　　大型样点灌区（≥30 万亩）灌溉水有效利用系数分布如图 4.23 所示。

　　从图 4.23 可以看出，大型样点灌区灌溉水有效利用系数为 0.44～0.46 的灌

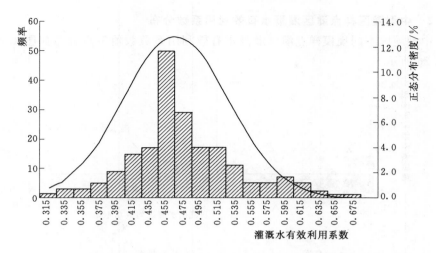

图 4.23 大型样点灌区（≥30 万亩）灌溉水有效利用系数分布

区数量占总数的比例接近 12%，占比最大。灌溉水有效利用系数高于 0.5（GB/T 50363—2006《节水灌溉工程技术规范》中，大型灌区达到节水灌溉标准的下限值）的灌区数量占全部大型样点灌区的近三分之一，这些灌区主要集中在西北区和华北地区，其中，新疆维吾尔自治区和新疆生产建设兵团等地处西北地区，大型灌区的节水改造比例相对较高，高效节水技术推广力度大。华北地区地表水资源极度缺乏，大型灌区内打井灌溉的现象普遍，以河北最为明显，因此该地区系数高于 0.5 的大型灌区数量也较多。

根据 GB/T 50363—2006《节水灌溉工程技术规范》规定，达到节水灌溉标准时，大型灌区灌溉水利用系数不应低于 0.5；在大型灌区中，75.8% 的灌区目前未达到节水灌溉工程技术规范要求的下限值，表明仍需加大节水投入力度，节水潜力很大。大型样点灌区灌溉水有效利用系数累计百分比如图 4.24 所示。

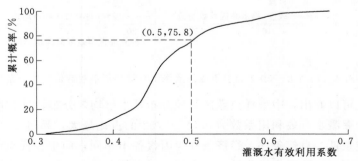

图 4.24 大型样点灌区灌溉水有效利用系数累计百分比

4.4.2 中型灌区样点灌区灌溉水有效利用系数分布

中型灌区不同规模样点灌区灌溉水有效利用系数数值散点分布如图 4.25 和图 4.26 所示。

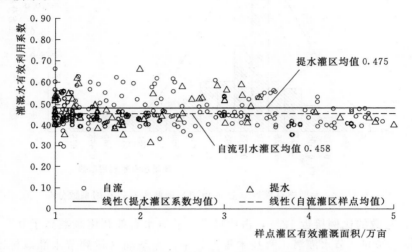

图 4.25　1 万～5 万亩样点灌区灌溉水有效利用系数数值散点分布

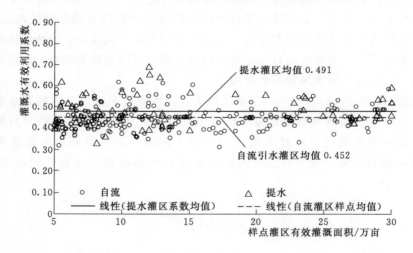

图 4.26　5 万～30 万亩样点灌区灌溉水有效利用系数数值散点分布

从以上可以看出，中型样点灌区面积分布基本呈均匀分布，具有代表性。中型样点灌区灌溉水有效利用系数为 0.38～0.52 的占比最大，超过 12%。由于全国各地气候条件、自然条件、经济条件等因素各不相同，而中型样点灌区（1 万亩≤A＜30 万亩）地理位置分散，在全国范围内都有分布，因此，其相对集中的范围较广，直方图的分布形状基本符合正态分布，如图 4.27 所示。

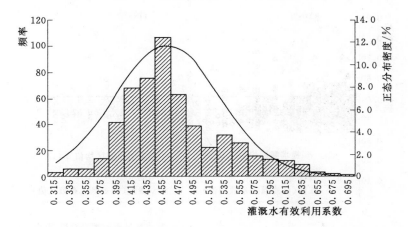

图 4.27　中型样点灌区（1万亩≤A＜30万亩）灌溉水有效利用系数分布

根据 GB/T 50363—2006《节水灌溉工程技术规范》规定，达到节水灌溉标准时，中型灌区灌溉水利用系数不应低于 0.6；中型样点灌区中有 95.5％没有达到规范要求。中型样点灌区（1万亩≤A＜30万亩）灌溉水有效利用系数累计百分比如图 4.28 所示。

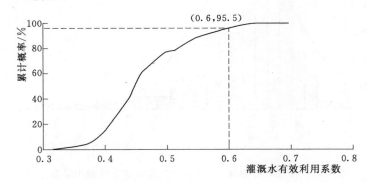

图 4.28　中型样点灌区（1万亩≤A＜30万亩）灌溉水
有效利用系数累计百分比

4.4.3　小型灌区样点灌区灌溉水有效利用系数分布

小型样点灌区（＜1万亩）灌溉水有效利用系数数值散点分布如图 4.29 所示。

小型样点灌区（＜1万亩）灌溉水有效利用系数分布如图 4.30 所示。

从图 4.30 可以看出，小型样点灌区最大值超过 0.8，最小的仅为 0.3，差距显著，大多数样点灌区系数集中于 0.35～0.52。根据 GB/T 50363—2006《节水灌溉工程技术规范》规定，达到节水灌溉标准时，小型灌区灌溉水利用系数不应低于 0.7；小型样点灌区中有 97.5％没有达到规范要求。小型样点灌区（＜1万亩）灌溉水有效利用系数累计百分比如图 4.31 所示。

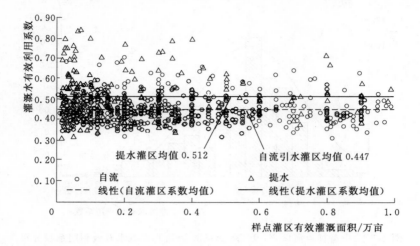

图 4.29 小型样点灌区 (＜1 万亩) 灌溉水有效利用系数数值散点分布

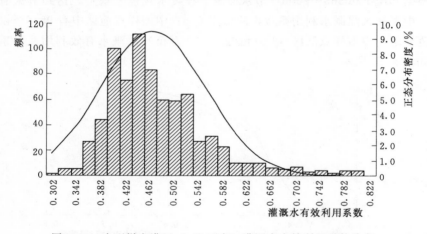

图 4.30 小型样点灌区 (＜1 万亩) 灌溉水有效利用系数分布

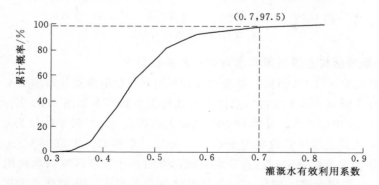

图 4.31 小型样点灌区 (＜1 万亩) 灌溉水有效利用系数累计百分比

4.4.4 纯井灌区样点灌区灌溉水有效利用系数分布

纯井灌区按照灌溉方式又分为土质渠道地面灌、防渗渠道输水地面灌、管道输水地面灌、喷灌和微灌 5 种灌溉类型，灌溉方式上差异明显，灌溉水有效利用系数差异性也较大。纯井灌区输水距离相对较短，部分灌区田间由于采用较为先进的灌水技术，而且管理相对精细，使得其整体灌溉水平要高于其他规模的灌溉水有效利用系数均值。

从纯井灌区来看，其输水距离较短，渠道长度小，即使土质渠道地面灌的灌溉水有效利用系数均值也达到 0.636，防渗渠道地面灌、管道输水地面灌、喷灌和微灌的灌溉水有效利用系数均值分别达到 0.700、0.766、0.814 和 0.870。

不同类型纯井样点灌区有效灌溉面积与系数散点如图 4.32 所示。

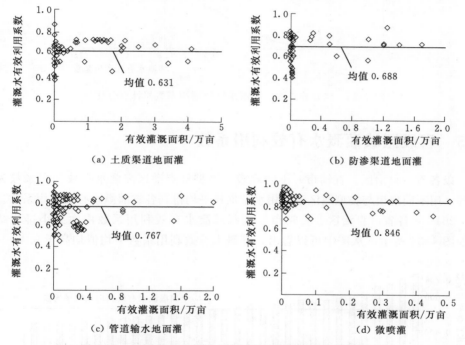

图 4.32 不同类型纯井样点灌区有效灌溉面积与系数散点图

需要说明的是，由于过去纯井类型样点灌区统计口径不一致，部分省（自治区、直辖市）以单井控制灌溉面积作为样点单元上报，部分以集中连片灌区为样点单元上报，因此，散点图的大部分点集中在较小面积的范围内。从图中可以看出，土质渠道地面灌和防渗渠道地面灌样点灌区的灌溉水有效利用系数均值要明显低于其他两种类型。土质渠道地面灌、防渗渠道地面灌、管道输水地面灌样点灌区灌溉水有效利用系数均值的离散度相对较大，说明在这几种类型灌区中畦田规格、土地平整程度以及田间灌水技术差异较大，同时，工程运行管理也存在差异。4 种类型中微喷灌样点灌区的离散度最小，该类型灌区灌溉用水效率最高，易于规范管理，差异性较小。

根据 GB/T 50363—2006《节水灌溉工程技术规范》规定，达到节水灌溉标准时，井灌区灌溉水利用系数不应低于 0.8。纯井样点灌区中有 58.6% 没有达到规范要求。从均值来看，纯井灌区中只有喷微灌的灌溉水有效利用系数超过了0.8。纯井灌区样点灌区灌溉水有效利用系数累计百分比如图 4.33 所示。

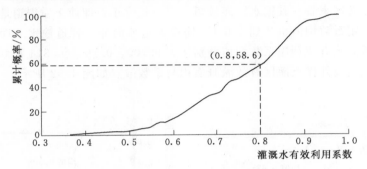

图 4.33　纯井样点灌区灌溉水有效利用系数累计百分比

4.5　省级区域灌溉水有效利用系数

以各省（自治区、直辖市）不同规模与类型样点灌区灌溉水有效利用系数为基础，用不同规模与类型灌区灌溉用水量加权平均得到各省灌溉水有效利用系数。

2014 年各省（自治区、直辖市）现状灌溉水有效利用系数由大到小排序结果如图 4.34 所示，从图中可以看出，灌溉水有效利用系数平均值均高于 0.4。

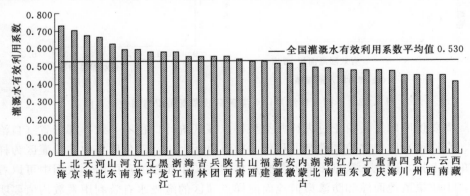

图 4.34　2014 年各省（自治区、直辖市）现状灌溉水有效利用系数排序

其中，超过 0.55 的有 14 个，占 43.7%；0.45～0.55 的有 13 个，占 40.6%；低于 0.45 的有 5 个，占 15.7%，见表 4.3。

表 4.3   2011—2014 年各省（自治区、直辖市）灌溉水有效利用系数分布情况统计表

系数范围	2011 年			2012 年			2013 年			2014 年		
	省（自治区、直辖市）	数量	占比/%	省（自治区、直辖市）	数量	占比/%	省（自治区、直辖市）	数量	占比/%	省（自治区、直辖市）	数量	占比/%
>0.55	上海、北京、天津、河北、山东、河南、江苏、浙江、辽宁、黑龙江	10	32.2	天津、河北、北京、上海、山东、江苏、河南、浙江、辽宁、河南、黑龙江	11	35.5	天津、河北、北京、上海、山东、江苏、河南、浙江、辽宁、海南、吉林、黑龙江	12	38.7	天津、河北、北京、上海、山东、江苏、河南、黑龙江、浙江、辽宁、海南、陕西、吉林	13	41.9
0.45～0.55	陕西、海南、吉林、福建、甘肃、山西、新疆、安徽、湖北、内蒙古、青海、重庆、广东	14	45.2	陕西、吉林、福建、甘肃、山西、新疆、安徽、湖南、湖北、内蒙古、青海、重庆、广东	13	41.9	陕西、福建、甘肃、山西、新疆、安徽、湖北、湖南、重庆、广东、江西、宁夏	13	41.9	福建、甘肃、山西、新疆、安徽、湖北、湖南、内蒙古、青海、重庆、广东、江西、宁夏	13	41.9
<0.45	贵州、云南、四川、广西、宁夏、江西、西藏	7	22.6	贵州、云南、四川、广西、宁夏、江西、西藏	7	22.6	青海、贵州、云南、四川、广西、西藏	6	19.4	四川、贵州、广西、云南、西藏	5	16.1

2014 年与 2006 年相比，灌溉水有效利用系数呈增长趋势，增幅大于 0.08 的有上海、西藏、内蒙古、江西、山东和宁夏 6 省（自治区、直辖市）；增幅小于 0.05 的省（直辖市）有北京、河北、黑龙江、吉林和海南。2006—2014 年各省（自治区、直辖市）灌溉水有效利用系数变幅对比如图 4.35 所示。

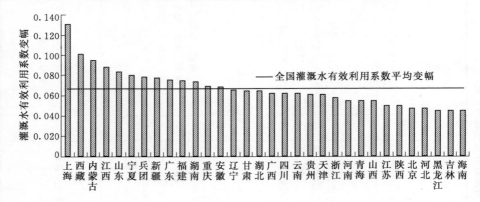

图 4.35　2006—2014 年各省（自治区、直辖市）灌溉水
有效利用系数变幅对比

全国大部分省（自治区、直辖市）的灌溉水有效利用系数在近 5 年内均有所提高，灌溉水有效利用系数在 0.55 以上的由 2010 年的 9 个增加到 2014 年的 14 个；0.45～0.55 的由 2010 年的 14 个减少到 2014 年的 12 个；0.45 以下的由 2010 年的 8 个减少到 2014 年的 5 个，如图 4.36 所示。

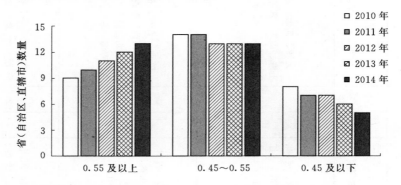

图 4.36　2010—2014 年各省（自治区、直辖市）灌溉水
有效利用系数分布

可见，随着近年来我国加大农田水利投入，通过实施大中型灌区节水改造与小型农田水利设施建设，改善了工程条件，提高了管理水平，灌溉水有效利用系数得到了显著提高。

4.6 分区灌溉水有效利用系数

以各省（自治区、直辖市）灌溉水有效利用系数为基础，计算得出华北、东北、华东、西北、中南、西南 6 个分区的灌溉水有效利用系数。

根据 2014 年系数测算分析结果，大型灌区灌溉水有效利用系数最大值为华东地区 0.496，最小值为华北地区 0.425；中型灌区灌溉水有效利用系数最大值为西北地区 0.530，最小值为西南地区 0.441；小型灌区灌溉水有效利用系数最大值为华东地区 0.586，最小值为西南地区 0.454；纯井灌区灌溉水有效利用系数最大值为华东地区 0.814，最小值为东北地区 0.692，西南地区无纯井灌区，见表 4.4。

表 4.4　　　　　2014 年全国各分区灌溉水有效利用系数测算分析结果

分区	全区灌溉水有效利用系数	不同规模与类型灌区灌溉水有效利用系数			
		大型	中型	小型	纯井
华北	0.587	0.425	0.489	0.543	0.720
东北	0.577	0.464	0.461	0.580	0.692
华东	0.560	0.496	0.519	0.586	0.814
西北	0.521	0.495	0.530	0.546	0.793
中南	0.492	0.474	0.467	0.489	0.703
西南	0.446	0.438	0.441	0.454	—

2014 年各分区灌溉水有效利用系数由高到低排序依次是华北、东北、华东、西北、中南、西南，分别为 0.587、0.577、0.560、0.521、0.492、0.446，见表 4.5。

其中，华北地区是我国灌溉水有效利用系数平均值较高的地区。该地区水资源相对紧缺，土地一般精耕细作，灌溉管理水平相对较高；且万亩以下灌区以机井灌溉为主，该地区纯井灌区灌溉面积所占比例近 60%，且纯井灌区系数平均值达 0.720；同时，该地区近年来投入了大量资金进行灌区节水改造，喷灌、滴灌等节水灌溉技术得到广泛应用，节水灌溉工程面积所占比例在各地区中最高，已超过 60%，因此，该地区灌溉水有效利用系数平均值较高，但受其水资源量和现状工程设施发展水平所限，提高潜力不大。而西南地区灌溉水有效利用系数平均值在 6 个地区中最低，为 0.446。该地区水资源丰富，但地貌多为山地丘陵，水源较分散，灌区以引水自流类型为主，且灌溉工程条件较差，配套工程不完善，节水灌溉工程面积所占比例不到四成，因此，该地区灌溉水有效利用系数平均值相对其他地区较低，但提高潜力相对较大。

表 4.5　分区灌溉水有效利用系数

分区	省份个数	包含的省（自治区、直辖市）	2010 年		2011 年		2012 年		2013 年		2014 年	
			系数变幅	系数均值	系数变幅	系数均值	系数变幅	系数均值	系数变幅	系数均值	系数变幅	系数均值
华北地区	5	北京、天津、河北、山西、内蒙古	0.473~0.691	0.564	0.482~0.694	0.567	0.492~0.697	0.578	0.525~0.701	0.583	0.512~0.705	0.587
东北地区	3	黑龙江、吉林、辽宁	0.525~0.558	0.546	0.540~0.564	0.557	0.545~0.566	0.561	0.553~0.576	0.570	0.556~0.582	0.577
华东地区	7	上海、江苏、浙江、安徽、福建、江西、山东	0.446~0.708	0.533	0.463~0.703	0.536	0.471~0.720	0.544	0.478~0.727	0.552	0.484~0.731	0.560
西北地区	5	陕西、甘肃、青海、宁夏、新疆	0.430~0.538	0.492	0.409~0.542	0.498	0.422~0.545	0.505	0.448~0.549	0.513	0.470~0.552	0.521
中南地区	6	河南、湖北、湖南、广东、广西、海南	0.415~0.570	0.467	0.424~0.576	0.478	0.471~0.502	0.485	0.438~0.587	0.489	0.446~0.598	0.492
西南地区	5	重庆、四川、贵州、云南、西藏	0.384~0.450	0.413	0.393~0.466	0.420	0.398~0.462	0.426	0.404~0.470	0.439	0.410~0.475	0.446

2014 年各分区灌溉水有效利用系数相比于 2010 年均呈增加趋势，其中西南、东北、西北等 3 个地区增长较快，增加值分别为 0.032、0.031、0.028。

4.7 全国灌溉水有效利用系数

根据各省（自治区、直辖市）年毛灌溉用水总量和灌溉水有效利用系数，加权平均得出 2010—2014 年全国灌溉水有效利用系数，见表 4.6。

表 4.6   全国不同规模与类型灌区灌溉水有效利用系数测算结果汇总表

年份	全国平均	大型灌区	中型灌区	小型灌区	纯井灌区
2010	0.502	0.454	0.467	0.503	0.682
2011	0.510	0.463	0.477	0.506	0.700
2012	0.516	0.467	0.482	0.515	0.708
2013	0.523	0.473	0.487	0.524	0.715
2014	0.530	0.479	0.492	0.528	0.723

2014 年全国灌溉水有效利用系数达到 0.530，比 2010 年提高了 0.028，各规模与类型灌区灌溉水有效利用系数均有明显增幅，主要因为近年来国家加大大型灌区续建配套与节水改造及小型农田水利建设力度，同时，农业综合开发、国土整治等也在水利方面有一定投入，使工程面貌得到明显改善，节水灌溉工程面积所占比重不断扩大，管理水平有所提高，灌溉用水效率与效益增加。

GB/T 50363—2006《节水灌溉工程技术规范》规定，达到节水灌溉标准时，大型灌区灌溉水有效利用系数不应低于 0.50，中型灌区不应低于 0.60，小型灌区不应低于 0.70，纯井灌区不应低于 0.80。2014 年，全国大型灌区灌溉水有效利用系数 0.479，中型灌区 0.492，小型灌区 0.528，纯井灌区 0.723，与 GB/T 50363—2006《节水灌溉工程技术规范》规定值相比，分别低 0.021、0.108、0.172 和 0.077，由此看来，各规模与类型灌区仍有较大节水潜力，尤其是中小型灌区节水潜力较大。

第 5 章　区域灌溉水有效利用系数
关键影响因素分析

影响灌区灌溉水有效利用系数的因素很多，但主要因素可以归纳为灌区的规模与类型、工程措施与灌水技术、管理水平、农艺节水配套措施、灌区的自然条件等 5 个方面。而从区域角度来说，灌溉水有效利用系数的关键影响因素与灌区基本相同，但区域内存在有不同规模与类型的灌区，区域的灌溉水有效利用系数是区域内不同灌区用水效率的综合反映，其主要受灌区构成、工程设施状况、灌溉管理水平以及区域气候与水资源条件的影响。

5.1　灌区尺度灌溉水有效利用系数主要影响因素

5.1.1　工程措施与灌水技术

灌区渠道防渗、管道输水等是提高输水环节水利用系数的主要工程措施。平整畦田、推广喷灌技术、微灌技术、改进地面灌水技术、非充分灌溉技术等，是提高田间水利用系数的主要技术措施。

对于井灌区来说，2014 年土质渠道输水地面灌、防渗渠道输水地面灌、管道输水地面灌以及喷灌和微灌等 5 种灌溉类型的灌溉水有效利用系数比较如图5.1 所示。

从图 5.2 可以看出，灌溉水有效利用系数从大到小依次是微灌、喷灌、管道输水地面灌、防渗渠道输水地面灌、土质渠道输水地面灌。由此可见，采取一定的工程节水技术，可以在很大程度上提高灌溉水有效利用系数。

5.1.1.1　渠道防渗措施

不同的渠道防渗措施直接影响着渠系水利用系数。目前渠道防渗衬砌材料主要有混凝土、砌石等，其中混凝土材料占有很大的比重。根据国内外的实测结果，与普通土质渠道地面灌比较，一般渠灌区的干渠、支渠、斗渠、农渠采用黏土夯实能减少渗漏损失量 45% 左右，采用混凝土防渗能减少渗漏损失量 70%～75%，采用塑料薄膜防渗能减少渗漏损失量 80% 左右；对大型灌区渠道防渗可减少渠道渗漏损失 50%～90%，使渠系水利用系数提高 0.2～0.4。山西省水利科学研究所根据全省典型灌区实测结果，总结分析得出干渠、支渠防渗长度占其总长度的比例与干渠、支渠系水利用系数的关系如图 5.2 所示。

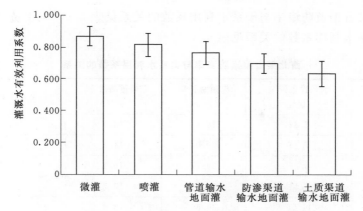

图 5.1   2014 年井灌区不同输水、灌溉方式
灌溉水有效利用系数比较
（图中的误差线代表与平均值的偏差）

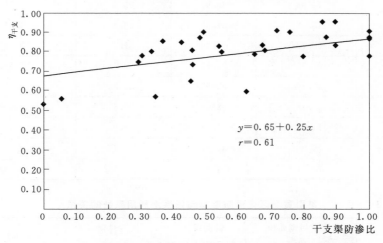

图 5.2   干渠、支渠系防渗比与干渠、支渠系水利用系数的关系

江西省对 2 个灌区不同防渗措施进行了渠道水利用系数的测定，结果见表 5.1。结果表明，实施渠道防渗前后以及不同防渗措施的渠道水利用系数相差均较大。

表 5.1   不同防渗措施的渠道水利用系数

渠道名称	防渗前单位长度 渠道水利用系数	防渗措施	防渗后单位长度 渠道水利用系数
A 灌区 1 干渠	0.6612	浆砌料石，勾缝	0.9500
A 灌区 2 干渠	0.9091	浆砌料石，勾缝	0.9582
B 灌区 1 干 1 支	0.8150	现浇混凝土	0.9925
B 灌区 1 干 2 支	0.9170	现浇混凝土	0.9942

西北某省渠道防渗率与渠系水利用系数的关系见表 5.2，某引黄灌区渠道防渗率与渠系水利用系数的关系见表 5.3。

表 5.2　　　　　　　　西北某省渠道防渗率与渠系水利用系数的关系

年份	水利投入资金 /亿元	渠道总长度 /万 km	渠道防渗率 /%	渠系水利用系数
1990	2.82	28.12	13.6	0.470
1991	7.14	29.04	14.5	0.490
1992	8.27	29.77	16.1	0.520
1993	8.11	30.21	17.7	0.510
1994	11.55	30.59	18.8	0.500
1995	13.47	30.65	20.7	0.510
1996	26.44	30.49	23.8	0.514
1997	14.84	30.92	26.7	0.515
1998	17.38	31.62	29.5	0.504
1999	35.72	32.36	31.5	0.515
2000	25.75	32.53	32.3	0.518
2001	37.50	32.92	32.8	0.514
2002	66.88	32.61	33.5	0.522
2003	74.83	34.12	33.9	0.520
2004	79.23	34.21	34.4	0.529
2005	77.21	34.48	34.5	0.533

表 5.3　　　　　　　　某引黄灌区渠道防渗率与渠系水利用系数的关系

年份	渠道衬砌面积 /m²	衬砌投资 /万元	渠道衬砌率 /%	渠系水利用系数
节水改造前			14.7	0.58
1999	577329.38	553.105	22.3	0.67
2000	347611.60	964.680	26.8	0.72
2001	162866.40	348.170	29.0	0.75
2002	71505.60	354.290	29.9	0.76

　　从表 5.2 和表 5.3 可以看出，渠系水利用系数总体上随着渠道防渗率的增加而增大；而在渠道防渗率较低阶段，渠系水利用系数的增长速度随渠道防渗率的增加而增长较快；在渠道防渗率达到一定程度后，防渗率增加，渠系水利用系数变化较小。

5.1.1.2 管道输水

采用管道代替明渠输水时，灌溉用水既可直接由管道分水口进入田间沟、畦，也可在分水口处连接软管输水进入沟、畦。管道输水灌溉广泛应用于井灌区；对于以地表水为水源的渠灌区，特别是山丘区水源位置较高，可以采用明渠输水与管道有压输水相结合的方式。

管道输水灌溉设备比较简单，技术容易掌握、运用、管理较为方便。地面软管可以越沟、爬坡和拐弯；硬塑料管埋在地下，可延缓老化，防止冻裂；水泥管则便于就地取材。

由于管道输水时一般都采用地埋式，基本上消除了渗漏损失和蒸发损失。据测验，在轻壤土中采用管道输水地面灌，水的利用系数为 $0.95 \sim 0.97$，与土质渠道地面灌、混凝土防渗渠道地面灌相比，分别提高 30% 和 $5\% \sim 15\%$；再者，用软管灌溉可顺畦埂由远而近逐段浇地，长畦短灌，灌水均匀，综合以上因素管道灌溉比土质渠道地面灌可节省 45% 左右。据典型实测资料，管灌比混凝土板衬砌渠道节水 7% 左右，比砌石防渗渠道节水 15% 左右。同时，管道埋入地下代替渠道输水地面灌之后可减少占地，增加 1% 左右的耕地面积，所以，在渠灌区实现管道灌溉后，减少渠道占用耕地的优点尤为突出。

5.1.1.3 土地平整和畦田规格

土地平整度对田间水利用系数影响很大，从而影响灌溉水有效利用系数的高低。田面平整度差，水流推进到畦尾时的灌水时间就很难控制，田间灌水均匀度降低，田间渗漏损失加大，田间水利用系数下降，从而降低了灌溉水有效利用系数，反之会显著提高。

同时，畦田规格对田间水利用系数的影响也比较明显。畦田长度决定着水流在畦面上从首到尾的推进历时，畦田越长，这个推进历时也越长，畦面首部与尾部水流入渗时间相对差别就可能增大，田间渗水时间不均匀是影响田间水利用系数的主要原因。畦宽对田间水利用系数影响的实质也就是单宽流量的影响，较大的入畦单宽流量能促使水流在畦田内的推进速度加快，缩短推进历时，使得田间土壤入渗水量分布更为均匀，有利于提高田间水利用系数；但在入畦流量受到限制时，畦田越宽，灌水时间会相应增大，田间渗漏损失加大，田间水利用系数反而会下降。太原理工大学通过田间典型观测试验，得出不同单位面积畦田幅数与田间水利用系数的关系如图 5.3 所示，可以看出，灌水畦田变小，可使田间水利用系数显著增加。

5.1.1.4 改进地面灌溉技术

改进地面灌溉技术主要包括水平畦田灌溉技术、波涌灌溉技术、覆膜灌溉技术等。水平畦灌采用激光控制下的土地精细平整技术来实现高精度的地面平整，通过科学控制水平畦田的单宽流量和水平畦田的长与宽，可以取得良好的节水效

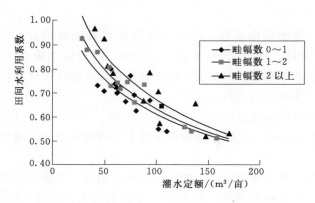

图 5.3　田间水利用系数变化

（壤土计划湿润层深度 0.8m）

果，田间水利用系数可达到 0.80 以上，有利于灌溉水有效利用系数的提高。

波涌灌采用间歇放水，使水流呈波涌状推进。由于土壤孔隙会自行封闭，在土壤表层形成一薄封闭层，使水流推进速度加快。在用相同水量灌水时，间歇灌水流前进距离为连续灌的 1～3 倍，从而减少深层渗漏，提高了灌水均匀度。与传统的地面灌溉方式相比，在用相同水量灌水的条件下，田间水利用系数可达 0.80～0.90。膜上灌可有效改善地面水流条件，使得水流速度更快，地面渗水时间更加均衡，它类似滴灌，也是一种局部灌溉，可以有效防止深层渗漏；同时地膜有效抑制棵间蒸发，从而使田间水的有效利用程度得以提高。

对于我国广泛采用的地面灌溉，合理控制灌水沟、畦、格田的规格，也是提高田间水利用系数有效的办法之一。

5.1.1.5　喷灌技术

喷灌的优点是灌水均匀，少占耕地，节省人力，对地形的适应性强。喷灌几乎适用于除水稻外的所有大田作物，以及蔬菜、果树等。它对地形、土壤等条件适应性强。最大优点是使农田灌溉从传统的人工作业变成半机械化、机械化，甚至自动化作业，加快了农业现代化的进程。但在多风的情况下，会出现喷洒不均匀，蒸发损失增大的问题。

与地面灌溉相比，大田作物喷灌一般可节水 30%～50%，增产 10%～30%，并能按照作物需水要求，做到适时适量灌溉，田间基本上不产生深层渗漏和地面径流，灌水比较均匀，灌溉水的有效利用程度高，对于透水性强、保水能力差的沙质土地则节水效果更为明显。达到设计标准的喷灌工程，其灌溉水有效利用系数可达 0.85 以上

5.1.1.6　微灌技术

微灌系统一般从水源到田间，全部采用管道输水，输水损失很少。同时根据

作物需水要求，通过管道系统与安装在末级管道上的灌水器，将作物生长中所需的水分和养分以较小的流量均匀、准确地直接送到作物根部附近的土壤表面或土层中，相对于传统地面灌和喷灌而言，微灌属局部灌溉、精细灌溉，极大地避免了棵间土壤蒸发和深层渗漏，田间水的有效利用程度最高。据研究分析，微灌约比地面灌节水 50%～60%，比喷灌节水 15%～20%。达到设计标准的微灌工程，其灌溉水有效利用系数可达 0.90 以上。

另外，近年采取的地下滴灌、微润灌溉、痕量灌溉等新技术，灌溉水利用率更高，其灌溉水有效利用系数可达 0.95 以上。但这些技术只在局部地区示范应用，尚未大面积推广，技术需要进一步完善。

5.1.1.7　非充分灌溉和调亏灌溉技术

在北方缺水地区，受水源条件限制，灌溉供水量有时不能按正常情况满足作物生长需水，此时，在不影响作物产量的情况下，对灌溉时间、灌水次数进行调整，进行非充分灌溉。主要采取两种方式，一种是实际灌水定额小于正常灌水定额，减少灌水量，该措施采用基于作物生理调控的调亏灌溉技术，提高水分生产率；另一种是，由于水源水量不足，不能满足作物正常的灌溉制度需求，只灌关键水、保苗水而被动进行的非充分灌溉。目前，非充分灌溉作物主要集中于小麦、玉米、棉花和果树等作物。与充分灌溉相比，一般来说，非充分灌溉条件下的灌溉水有效利用系数较高。前者得益于田间深层渗漏的减少，后者得益于提高大气降水利用率以及促进深层水的利用。

5.1.2　灌区规模与类型

灌区规模对灌溉水有效利用系数有显著的影响。灌区规模不同，相应的渠系复杂程度和管理难度也有一定的差异，由此影响灌溉水有效利用系数的高低。一般来说，同类灌区比较，在相同工程条件和管理水平下，灌区规模越大，灌溉水有效利用系数就越低。南方某地区实测不同规模灌区渠系水利用系数见表 5.4。

表 5.4　　　　南方某地区实测不同规模灌区渠系水利用系数

灌区规模	干渠	支渠	斗渠	渠系
20 万亩以上	0.815	0.675	0.741	0.408
5 万～20 万亩	0.777	0.726	0.779	0.439
1 万～5 万亩	0.736	0.758	0.807	0.450

注　摘自许建中、赵竞成、高峰等《灌溉水利用系数传统测定方法存在问题及影响因素分析》（中国水利，2004 年第 17 期）。

在影响灌溉水有效利用系数的两个环节中，田间水利用系数与灌区规模并无直接联系。但渠系水利用系数则随灌区规模大小不同而变化。从水源到田间，单位取水量的渠系损失，与输水工程状况和水流在渠系中流动的时间历程成正相关关系，通常情况下，灌区规模越大，从灌区水源到田间的平均距离也越长，因此，同样工程条件下，灌区规模越大渠系水渗漏量越大。另外，灌区规模越大，灌区渠系的渠道分级就越多，相应用于调配水的水工建筑物也越多，灌区配水和田间灌水协调难度就越大，或因渠系建筑物不完整、失修老化损坏产生的泄水损失以及因工程质量不佳引起的渠道跑水造成的跑水损失就越多，从而使灌区渠系水利用系数降低。

高效的渠系用水调度可以有效减少调水过程中的渠系损失的水量。但是，灌区规模越大，渠系也越复杂，渠系用水调度的复杂程度和难度也越大。而对于规模较小的灌区，因为灌溉范围小，操控灵活，在用水调度管理上更有优势，其渠系水损失可以得到更好的控制。如果一个灌区规模扩大，而管理水平并没有相应提高，则其灌溉水有效利用系数必然随之降低。一般来说，灌溉水有效利用系数呈以下规律：在相同工程设施条件和管理水平下，大型灌区＜中型灌区＜小型灌区＜纯井灌区。根据全国不同规模与类型灌区灌溉水有效利用系数的结果分析，2014 年全国大型、中型、小型和纯井灌区的平均灌溉水有效利用系数分别为：0.479、0.492、0.528、0.723，体现了灌溉水有效利用系数符合大型、中型、小型灌区和纯井灌区逐步增加的规律，如图 5.4 所示。

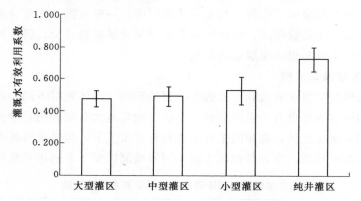

图 5.4 2014 年不同规模与类型灌区灌溉水
有效利用系数均值与标准偏差
（图中的误差线代表与平均值的偏差）

在我国，不同类型的灌区，其水利化程度、田间土地平整度、畦田规格、水管理状况等，往往存在着明显的差别，因此不同类型灌区灌溉水有效利用系数差异较大。井灌区一般灌溉规模小，输水距离短，大多采用管道或防渗渠道输水，畦田较平整、规格也较小，渠系水利用系数和田间水利用系数都高，因此灌溉水有效利用系数也高；提水灌区需用水泵扬水灌溉，耗能费电，水价相对较高，用水管理会相对精细，但因灌溉面积一般都比井灌区大，在输配水工程的标准和畦田平整度和规格等方面都不如井灌区,因而灌溉水有效利用系数一般也低于井灌区;自流灌区取水方便,用水成本较低,和纯井灌区、提水灌区相比,通常田间工程不配套,畦田平整度差,规格不合理的田块占很大比例,灌溉管理较为粗放,因此灌溉水有效利用系数相对较低。

5.1.3　灌区管理

灌区管理水平也是影响灌溉水有效利用系数的重要因素之一。灌区管理包括工程管理、用水管理、组织管理和经营管理。灌区可以通过优化调度,合理配水,使各级渠道平稳引水,同时通过加强工程管理,保障灌溉系统正常安全运行,从而减少输水过程中的跑水、漏水和无效退水;通过计量供水与合理适宜的水价政策,充分发挥经济杠杆作用,提高用水户的节水意识,影响用水行为,减少灌溉用水浪费;通过用水户参与灌溉管理,可以增加透明度,避免搭车收费现象,调动用水户的节水积极性,节约用水,从而提高灌溉水有效利用系数。

宁夏卫宁灌区的灌溉水有效利用系数变化趋势如图 5.5 所示,1997 年以前,卫宁灌区工程状况基本没有变化,引黄灌溉水量未受限制,灌溉水有效利用系数基本维持不变。1998—2002 年,卫宁灌区工程改造投入不大,工程状况没有大的改变,但 2000 年开始进行水价改革,用水管理得以加强,2003 年引黄水量受到严格限制,促使当年进行了严格的用水管理,致使其灌溉水有效利用系数显著提高,从中可以看出,除了工程条件外,水价提高、管理改善等管理措施对灌溉水有效利用系数提高有重要影响。

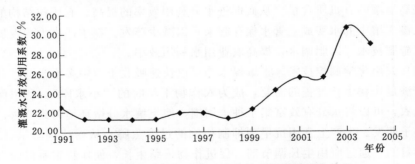

图 5.5　宁夏卫宁灌区的灌溉水有效利用系数变化趋势

灌区用水管理包括水源来水和灌区需水预测,用水计划的编制、执行和实时修正,以及灌溉制度的合理拟定与实时修正等。用水管理水平提高,可实现灌区种植结构的调整与水量优化配置,并通过实施合理的轮灌方案和灌溉制度,在灌区引水总量一定的条件下缩短灌水周期、扩大灌溉面积;或在灌溉面积一定的条件下减少灌区用水总量,从而提高灌溉水有效利用系数。

建立健全灌区组织机构,完善规章制度,是提高灌区工程管理和用水管理水平的保障。通过建立农民用水户协会,用水户参与灌溉管理,有利于增加灌区管理透明度，调动用水户参与田间工程建设、维护与管理的积极性，增强用水户的责任感和"主人翁"意识；有利于维持好用水秩序，提高管理水平，提高灌溉水有效利用系数，同时也减少农民的费用支出，促进灌区可持续发展。

5.1.4　农艺节水配套措施

农艺节水技术是通过科学灌溉、选用优种、精细整地、科学施肥等综合配套农艺措施，实现节水增产。在农田灌溉中配套采用农艺节水措施，可减少田间灌水过程中的深层渗漏和无效蒸发损失，从而提高灌溉水有效利用系数。有关研究结果表明，通过农艺节水技术可节约用水和提高水分利用效率。

（1）培育高产抗旱品种，调整品种结构。在作物种植过程中，采取适应自然资源配置，选择抗旱能力强、经济效益高的作物进行专业化种植，优化作物的种植结构。同时，利用基因工程等生物技术培育节水高产品种，利用品种的抗旱性提高农业用水效率。

（2）农田覆盖技术。地膜覆盖使田间水分蒸发阻力增大，可降低土壤的无效蒸发，从而使水分在土壤、作物、大气之间有效循环，提高土壤的贮水量，改善作物吸收水分条件。秸秆覆盖是一种资源丰富、发展前景广阔、效益明显的节水技术，它能减少地表蒸发和降水径流，提高耕层供水量，具有改土培肥、保持水土和节约灌溉用水的功能。秸秆覆盖土壤保水率可由 30％提高到 55％；地膜覆盖技术土壤保水率可由 30％提高到 60％以上。

（3）增施有机肥，推广节水施肥技术。在农作物的种植过程中，增施有机肥可以提高土壤的有机质含量，从而促进水分利用效率的提高。有团粒结构的土壤能把入渗土壤中的水变成毛管水保存起来，以减少蒸发。在生产中大力发展水肥一体化施肥技术，以肥调水，提高农业用水利用效率。

（4）应用化学调控技术。土壤保水剂可以快速吸收土壤中多余水分，并缓慢释放，满足作物生长过程的需要，成为农作物干旱时的"小水库"。利用保水剂拌种包衣，可以将水分有效富集于种子周围，使土壤水分微环境得到改善，从而促进种子萌发。生产上常用抗旱剂抑制作物的过度蒸腾，从而达到防旱、节水、抗旱的目的。通过应用生长调节剂，促进作物根系生长，使作物根系量较大，吸水能力增强，提高作物抗旱能力。目前在农田中应用的保水剂、黄腐酸类抗旱剂、种子复合包衣剂、土壤结构改良剂、土壤保墒剂等主要化学调控节水技术，以作物为中心，达到吸水保水、抑制蒸发、减少蒸腾、防止渗漏、增加蓄水、节水省水、有效供水的目的。

（5）采用中耕深翻措施。在作物生长的过程中适时深翻，不仅可以疏松土壤，改善土壤环境，而且可以打破犁底层，促进土壤根系的下扎，提高作物的吸水能力。通过中耕松土，可抑制灌后、雨后土壤水分蒸发，促进雨水、灌溉水下渗与储存，达到蓄水保墒的目的，同时可以延长灌水间隔时间，减少灌水次数、灌水定额、灌溉量。

（6）优化灌溉制度。根据农作物特性和生物学特点，制定节水灌溉制度，并将灌溉与农艺措施相结合，做到促、控结合。如水稻节水灌溉技术，即根据水稻不同生育期对水分的不同需求进行灌溉，改变以往水稻大水漫灌、串灌的旧习惯，而采取干湿交替的方式进行田间水分管理。

5.1.5 灌区自然条件

5.1.5.1 气候条件

气候条件对灌溉方式和灌溉管理产生影响，进而影响到灌区的灌溉水有效利用系数。对于干旱地区迫于灌溉水源缺乏、灌溉用水紧张的压力，多倾向于采用高效节水灌溉的方式，相反湿润地区则更倾向于采用传统灌溉方式，这是导致干旱地区灌溉水有效利用系数一般比湿润地区高的一个客观因素。而同一地区，在降水偏丰的年份，作物对灌溉需求紧迫性会降低，灌区缺乏量水设施，用水计量相对薄弱，灌溉水有效利用系数相对较低；在降水偏枯的年份，为保证作物生长水分需求，会加强灌溉管理，使有限的水发挥更大的效益与效率，从而提高灌溉水有效利用系数。对同一地区而言，降水与灌溉水有效利用系数成负相关关系，但其影响是间接的，影响程度相对较低。

5.1.5.2 水资源条件

一个地区的水资源量是否丰富在一定程度上决定了人们利用水资源的态度。区域的水资源状况尽管不能直接对灌溉水有效利用系数产生影响，但可以影响用水、管水行为，进而对灌溉水有效利用系数产生影响。区域的水资源条件，如多年平均径流量、灌区可供水量、地下水位高低等，间接地影响了灌溉方式、作物种植和灌区管理，进而对灌溉水有效利用系数产生影响。一般而言，同等工程状况下，水资源条件较差或灌溉供水不足的地区，灌溉水有效利用系数往往较高；而水资源条件较好或灌溉供水充足的地区，灌溉水有效利用系数则较低。

在我国北方大部分地区，由于区域降水量较少，灌溉用水主要依赖于区域内的河流、湖泊。十多年来，我国北方地区持续干旱，降水量减少，河流来水持续偏枯，使得灌溉用水更为紧张。因此，在内蒙古、河南、河北等省（自治区），主要种植旱作，采用喷灌、滴灌等高效节水措施，使得灌溉水有效利用系数往往较高。相反，在我国南方大部分地区，由于区域降水量较大，当地水资源富足，而区域内河流、湖泊、塘坝等当地地表水资源条件好，灌溉取水又相对容易，主要种植水稻，缺乏量水设施，用水计量相对薄弱。因此，灌溉水有效利用系数相对较低。

5.1.5.3 土壤质地

土壤固相骨架之间的孔隙具有容纳水分和空气的能力。土壤孔隙通常占土壤体积的 50％ 左右。但并非所有土壤孔隙都具有长时间保持水分的能力。细小的毛管孔隙可长期持水，而大孔隙中的水分只能短暂停留，很快便将渗漏到根层土壤以下。田间持水量与土壤质地关系密切，黏土的田间持水量显著高于砂土，通常可达砂土的 2～4 倍。以容积计算的田间持水量一般为 0.10～0.45，详见表 5.5。

表 5.5　　　　　　　　　　不同土壤类型的孔隙率和田间持水量

土壤类型	孔隙率/％	田间持水量/％
砂土	30～40	12～20
砂壤土	40～45	17～30
壤土	45～50	24～35
黏土	50～55	35～45
重黏土	55～60	45～55

注　摘自郭元裕《农田水利学》。

　　土壤含水量超出土壤持水能力的灌水或降水则将经由深层渗漏或地表径流损失掉。因此，土层瘠薄、砂质土壤多、透水性强、不易储水的灌区，渠道和田间渗漏损失较大，灌溉水有效利用系数则相对较低。而土层覆盖较厚、黏性土壤多、地下水位比较浅、地势较平坦的地区，渠道和田间渗漏损失则相对较小，灌溉水有效利用系数就较高。一般来说，在土壤计划湿润层深度相同的条件下，黏土的灌溉水有效利用系数大于壤土的灌溉水有效利用系数，而壤土的灌溉水有效利用系数大于砂土的灌溉水有效利用系数。

5.2　区域灌溉水有效利用系数影响因素分析

5.2.1　区域内灌区构成

　　灌区规模对灌溉水有效利用系数有着直接的影响，灌区规模大，灌区输配水距离延长、工程设施增加、灌溉管理复杂，在同等条件下，灌区灌溉水有效利用系数随着灌区规模的增大而降低。从一个区域来说，如果大型、中型灌区灌溉面积占比较大，则该区域灌溉水有效利用系数可能较低，大型、中型灌区灌溉面积所占比例与灌溉水有效利用系数呈负相关关系。区域内小型灌区、纯井灌区灌溉面积占比较大，其区域的灌溉水有效利用系数则较高，两者呈正相关关系。以 2014 年为例，华北地区的北京、河北两省（直辖市）大型、中型灌区有效灌溉面积占比分别为 15.8％、25.6％，灌溉水有效利用系数分别为 0.705、0.664，在华北地区最高。而山西省大型、中型灌区有效灌溉面积占比为 55.5％，其灌溉水有效利用系数仅为 0.528，在华北地区最低。大部分省（自治区、直辖市）

灌溉水有效利用系数测算分析结果符合这一规律。

纯井灌区由于单井控制灌溉面积小、输水距离短、灌溉用水简单、易于管理，同时，井灌提水成本大，促进了节约用水，所以纯井灌区灌溉水有效利用系数最高。如区域内纯井灌区灌溉面积占比较大，则其灌溉水有效利用系数相对就高。

5.2.2 工程设施状况

灌溉工程设施状况是影响区域灌溉水利用率的重要因素，描述一个区域的灌溉工程设施综合状况，可以用节水灌溉工程面积来表征。

节水灌溉工程面积是代表一个区域灌溉工程状况的主要指标，其占有效灌溉面积的比例（简称节水灌溉工程面积占比）与灌溉水有效利用系数呈正相关关系。通过渠首、灌溉渠系与排水工程的配套改造，可以直接影响灌区引水、输水、配水和排水过程，减少输水损失，提高渠系用水效率；通过采用先进的灌溉技术、土地平整、优化畦田规格等可以提高田间用水效率，进而提高全灌区的灌溉水有效利用系数。以 2014 年为例，北京市节水灌溉工程面积占比达 91.4%，是全国采用喷灌和微灌比例最高的地区之一，其灌溉水有效利用系数为全国较高的省（自治区、直辖市）之一，达到 0.705；天津市的自然地理状况和灌溉管理状况与北京市较为相似，但其节水灌溉工程面积占比小于北京市，为 70.3%，其灌溉水有效利用系数明显低于北京市。华东地区的上海、江苏和浙江 3 省（直辖市）的节水灌溉工程面积占比都远超过了全国平均水平，保证了其灌溉用水的高效利用，其灌溉水有效利用系数都在 0.50 以上，高于南方其他地区。中南地区的湖南、湖北、广东、广西和海南 5 省（自治区）节水灌溉工程面积占比较小，该区域灌溉水有效利用系数平均为 0.494，低于全国平均水平。

2006 年全国灌溉水有效利用系数平均值为 0.463，节水灌溉工程面积占比为 39.3%；2012 年全国灌溉水有效利用系数平均值为 0.516，节水灌溉工程面积占比为 50.0%。2006—2012 年全国系数与节水灌溉工程面积占比关系如图 5.6 所示。

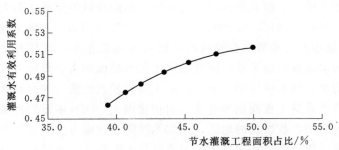

图 5.6　2006—2012 年全国系数与节水灌溉工程面积占比关系

从图 5.6 中可以看出，随着节水灌溉工程面积占比的增长，灌溉水有效利用系数随之提高，从 2006—2012 年变化趋势来看，节水灌溉工程面积占比每增加 10 个百分点，灌溉水有效利用系数提高近 0.05。

节水灌溉方式也是影响灌区灌溉水有效利用系数的关键因素之一。例如，甘肃省节水灌溉面积比例很高，但节水灌溉主要采取渠道防渗，相对于北京、天津、河北等管道输水地面灌、喷灌、微灌面积占比相对较大的北方省份，其灌溉用水利用系数并不显著。

5.2.3　灌溉管理水平

加强灌溉用水管理可以显著减少灌溉工程的非工程性水量损失。如通过加强灌区合理调度，优化配水，可以减少输水过程中的跑水、漏水和无效退水；通过制定合理的水价政策，可以提高用户的节水意识，影响用水行为；通过推行用水户参与灌溉管理，可以调动用水户节水积极性。以上措施都可以提高灌溉水有效利用系数。

华北地区水资源紧缺，土地平整度好，灌溉管理水平较高，其灌溉水有效利用系数在全国是最高的；其中河北省井灌面积相对较大，且整体灌溉管理水平较高，因此，其灌溉水有效利用系数也较高。而同区域的内蒙古自治区的大部分灌区为自流引水类型，且规模较大，灌溉管理环节多，管理难度相对较大，其灌溉水有效利用系数明显低于区内其他省（自治区、直辖市）。西北地区的陕西、甘肃等两省水资源紧缺，灌溉管理精细，其灌溉水有效利用系数较高。

5.2.4　区域气候条件

区域气候条件直接影响到所在区域的水资源状况、种植结构、作物对灌溉的需求等。干旱地区一般旱作物种植面积大，但由于降水少，形成可用于灌溉的水资源相对也少，迫使这类地区的农业灌溉只能采用相对节水的灌溉技术，并加强灌溉用水管理。因此，区域气候因素会对所在区域的灌溉水有效利用系数产生显著影响。

从 2014 年测算得出的全国分区灌溉水有效利用系数成果来看，华北地区、东北地区、华东地区、西北地区、中南地区、西南地区的灌溉水有效利用系数均值分别为：0.587、0.577、0.560、0.521、0.492、0.446。总体上我国南方各省（自治区、直辖市）的灌溉水有效利用系数明显低于北方，这与南北方之间的气候与水资源的丰沛有一定关系，南方地区水稻种植面积大，灌溉方式主要是地面淹灌，灌溉用水管理不够精细，节水灌溉工程面积占比低。华北地区水资源最短缺，发展的节水灌溉工程面积和井灌区面积比例大，而且灌溉管理水平高，是我国灌溉水有效利用系数最高的地区；东北地区降水比南方少，发展节水灌溉积极性较高，旱地采用喷灌、稻田采用浅湿灌溉技术面积大，其灌溉水有效利用系数也相对较高；华东地区尽管降水量较大，但却是我国经济最发达地区，灌区工程建设和管理的投入能力强,灌溉用水管理水平较高,其灌溉水有效利用系数比西北地区相对较高;西北地区干旱少雨,但灌区规模主要以大中型、长距离输水灌区为主,区内各省(自治区、直辖市)灌溉条件差异较大,其灌溉水有效利用系数虽然低于华北地区和东北地区,但仍比中南地区和西南地区高;中南和西南地区属湿润地区,降水量大,水资源相对丰富,对农田灌溉要求不迫切,节水灌溉发展相对滞后,缺乏量水设施,用水计量相对薄弱。因此,灌溉水有效利用系数较低,特别是西南地区,降水量很大,水资源特别丰富,只是在季节性干旱时才需灌溉,且经济发展相对滞后,农田水利基础设施薄弱,用水效率相对偏低,是我国灌溉水有效利用系数最低的地区。

5.3   区域灌溉水有效利用系数与主要影响因子相关分析

5.3.1   区域主要影响因子的选取与指标量化

从上节内容可以看出,区域气候条件与水资源条件、灌区结构、节水灌溉工程、管理水平是影响灌溉用水效率大小的重要因素。为了进一步研究这些主要影响因素对区域灌溉水有效利用系数的影响程度,考虑资料获取条件,对应每一个因素筛选出一个典型指标来表征。

区域气候与水资源条件会影响到种植结构、旱田与水田的比例、灌溉次数以及灌溉行为等,进而影响区域灌溉用水效率。准确地说,此因素是一个区域特征,选择区域平均降水量来作为其表征指标,能在一定程度上反映不同区域在气候和水资源条件上的差异性。灌区结构、工程状况分别用小型灌区和纯井灌区灌溉面积占比、节水灌溉工程面积占比表征。管理水平是一个很难量化的因素,其涉及工程管理、用水管理等多个方面,包括水价、管理人员素质、运行管护经费是否有保障等。一般来说,用水户协会等群管组织建设到位、推广较好的地区,其整体灌溉管理水平相对较高,对于工程管护、用水管理相对较好,故选用用水户协会管理灌溉面积的比例作为管理水平的表征指标,详见表5.6。

表 5.6   灌溉用水效率主要影响因素指标

项目		表征指标	单位
目标变量		灌溉水有效利用系数	无量纲
影响因子	气候条件	年降水量	mm
	工程状况与技术水平	节水灌溉工程面积	万亩
	灌区规模与类型	小型和纯井灌区面积	万亩
	管理水平	用水户协会控制面积	万亩

气候条件中的降水对灌溉用水和灌溉水利用情况有重要影响，因此，本书以各省（自治区、直辖市）现状年降水量来表征不同省（自治区、直辖市）气候条件的差异；节水灌溉工程面积占比可以综合反映不同省（自治区、直辖市）的节水灌溉技术水平和工程状况；小型、纯井灌区面积占比可以综合反映不同省（自治区、直辖市）的灌区规模和类型；用水户协会控制灌溉面积占比大小可以直观的反映灌区的管理状况和水平；为协调各指标值变化幅度，便于分析，对所选定影响因素进行以下指标无量纲化处理，见表 5.7。

表 5.7　　　　　　　　　灌溉用水效率主要影响因素指标无量纲化表

指　　标	符号	含　　　义
灌溉水有效利用系数	Y	现状年净灌溉用水量与毛灌溉用水量之比
降水量水平	x_1	现状年降水量与全国多年平均降水量之比
节水灌溉工程面积水平	x_2	现状年节水灌溉工程面积占比与全国平均水平之比
小型、纯井灌区面积水平	x_3	现状年小型、纯井灌区面积占比与全国平均水平之比
用水户协会控制面积水平	x_4	现状年用水户协会控制面积占比与全国平均水平之比

5.3.2　数据的搜集与整理

　　以 2010 年数据为例，对全国 31 个省（自治区、直辖市）及新疆生产建设兵团的有关数据进行搜集、归纳和整理，由于上海的灌溉方式存在其独特性且权重较小，因此不列入本次考虑范围，对搜集整理后的数据进行统一无量纲化处理，各指标无量纲化结果见表 5.8。

表 5.8　　　　　　　　　灌溉用水效率主要影响因素指标无量纲化表

省（自治区、直辖市）	系数 Y	降水量水平 x_1	节水灌溉面积水平 x_2	小型、纯井灌区面积水平 x_3	用水户协会控制面积水平 x_4
北京	0.691	0.969	2.074	1.754	2.297
天津	0.651	0.883	1.689	0.811	2.136
河北	0.646	0.829	1.159	1.567	0.946
山西	0.502	0.809	1.425	0.857	1.903
内蒙古	0.473	0.409	1.960	1.045	0.640
辽宁	0.558	1.057	0.739	1.298	0.644
吉林	0.525	0.948	0.463	1.436	1.113
黑龙江	0.549	0.836	1.448	1.639	0.848
江苏	0.563	1.553	0.947	1.178	1.008
浙江	0.560	2.499	1.581	0.986	0.762
安徽	0.491	1.829	0.516	1.088	1.626

省（自治区、直辖市）	系数 Y	降水量水平 x_1	节水灌溉面积水平 x_2	小型、纯井灌区面积水平 x_3	用水户协会控制面积水平 x_4
福建	0.506	2.600	1.255	0.920	1.130
江西	0.446	2.554	0.364	1.109	1.899
山东	0.600	1.059	1.013	0.771	0.640
河南	0.570	1.188	0.670	1.295	1.123
湖北	0.477	1.826	0.379	0.457	0.659
湖南	0.460	2.260	0.313	0.766	1.515
广东	0.440	3.004	0.239	1.050	0.843
广西	0.415	2.463	0.977	1.033	1.046
海南	0.543	2.728	0.871	0.575	1.248
重庆	0.450	1.846	0.532	1.313	1.234
四川	0.416	1.564	1.032	0.851	1.124
贵州	0.419	1.857	1.084	0.841	0.790
云南	0.403	1.848	1.341	0.766	0.709
西藏	0.384	0.891	0.307	0.539	0.720
陕西	0.538	0.909	1.491	0.484	0.654
甘肃	0.513	0.432	1.489	0.491	0.378
青海	0.465	0.453	0.818	0.846	0.356
宁夏	0.430	0.455	1.204	0.180	1.184
新疆	0.481	0.241	1.310	0.243	0.735
新疆生产建设兵团	0.539	0.241	1.240	0.208	0.909

5.3.3 区域灌溉水有效利用系数与主要影响因素相关关系

在现实生活中，变量与变量之间经常存在一定的关系，一般来说，变量之间的关系分为两种：一种是确定性关系；另一种是非确定性关系。变量之间的非确定性关系通常称为相关关系。灌溉水有效利用系数与其影响因素之间的关系就属于非确定性关系，即相关关系。

回归分析是数理统计中研究相关关系的一种数学方法，且运用十分广泛。此处采用多元线性回归方法分析灌溉用水效率与其影响因素之间的相关关系。

选取年平均降水量、节水灌溉工程面积、小型纯井灌区面积、用水户协会控制面积等 4 个主要因素对灌溉用水效率的影响，建立多元线性回归模型如下：

$$Y = b_0 + b_1 x_{i1} + b_2 x_{i2} + b_3 x_{i3} + b_4 x_{i4} \tag{5.1}$$

式中　　　　　　Y——灌溉水有效利用系数；

x_{i1}——降水量因子；

x_{i2}——节水灌溉工程面积因子；

x_{i3}——小型、纯井灌区面积因子；

x_{i4}——用水户协会控制面积因子；

b_0、b_1、b_2、b_3、b_4——未知数。

将各灌溉用水效率主要影响因子指标量化后的数据代入多元线性回归模型，计算结果见表 5.9~表 5.11。

表 5.9　　　　　　　　　　　　多元线性回归拟合度评价表

线性回归系数	拟合优度	标准误差	观测值
0.648	0.420	0.05	31

表 5.10　　　　　　　　　　　　多元线性回归方差分析

方差分析	自由度	样本平方和	样本数据评价平方和	F 统计量	p 值
回归分析	4	0.0737	0.0184	4.7119	0.0050
残差	26	0.1017	0.0039		
总计	30	0.1754			

表 5.11　　　　　　　　　　　多元线性回归模型及其显著性检验表

指标	回归系数	标准误差	指标	回归系数	标准误差
b_0	0.384	0.047	b_3	0.070	0.030
b_1	-0.020	0.016	b_4	0.032	0.025
b_2	0.050	0.025			

表 5.9 给出了多元线性回归模型的拟合度，其中，回归系数 $R=0.648$，拟合优度 $R^2=0.420$，模型拟合度较好。

表 5.10 给出了 F 检验值：$F=4.7119$，当显著性水平 $\alpha=0.05$ 时，$F_{0.05}(4, 26)=2.74$，显然 $F>F_{0.05}$，说明回归效果显著。

由表 5.11 可以得出此次多元线性回归模型的方程如下：

$$Y=0.384-0.020x_{i1}+0.050x_{i2}+0.070x_{i3}+0.032x_{i4} \tag{5.2}$$

式中　x_{i1}——降水量水平；

x_{i2}——节水灌溉工程面积水平；

x_{i3}——小型、纯井灌区面积水平；

x_{i4}——用水户协会控制面积水平。

根据分析，在各主要影响因素中，对灌溉水有效利用系数影响最大的因素为小型和纯井灌区面积、节水灌溉工程面积；其次为用水户协会控制面积、年平均降水量。其中，年平均降水量与灌溉水有效利用系数呈负相关关系。

考虑到灌溉水有效利用系数具有区域特点，下面以降水量将全国分为小于800mm、大于800mm两个区域进行分析。

5.3.4 年降水量小于**800mm**的区域灌溉水有效利用系数与主要影响因子相关关系

按照多年平均降水量，将全国 31 个省（自治区、直辖市）和新疆生产建设兵团以 800mm 降水量为界限分为两个区域，大于 800mm 的区域包括上海、江苏、浙江、安徽、福建、江西、湖北、湖南、广东、广西、海南、重庆、四川、贵州和云南 15 个省（自治区、直辖市），小于 800mm 的区域北京、天津、河北、山西、内蒙古、辽宁、吉林、黑龙江、山东、河南、西藏、陕西、甘肃、青海、宁夏和新疆 16 个省（自治区、直辖市）及新疆生产建设兵团。

以降水量划分区域后，降水量的影响已经间接考虑，管理差异相对影响较小，考虑影响灌溉水有效利用系数的两个最主要因素节水灌溉工程面积占比；小型、纯井灌区面积占比进行相关分析。年降水量小于 800mm 的区域灌溉水有效利用系数与节水灌溉面积占比以及小型、纯井灌区面积占比关系如图 5.7 所示。

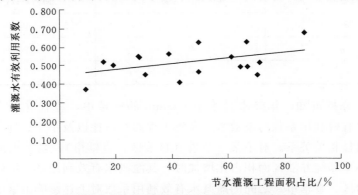

(a)灌溉水有效利用系数与节水灌溉工程面积占比关系

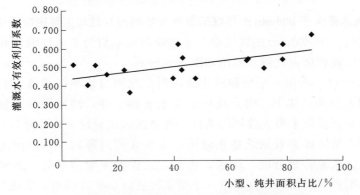

(b)灌溉水有效利用系数与小型、纯井面积占比关系

图 5.7 灌溉水有效利用系数与两个主要因素相关关系

（小于 800mm 地区）

根据分析得出回归拟合线性方程如下：

$$Y_0 = 0.339 + 0.117x_{i1} + 0.165x_{i2} \quad (R^2 = 0.486)$$ (5.3)

式中 Y_0 ——灌溉水有效利用系数；

    x_{i1} ——节水灌溉工程面积占比；

    x_{i2} ——小型、纯井面积占比。

相关系数为 $R = 0.697$，拟合优度 $R^2 = 0.486$，说明灌溉水有效利用系数 69%以上的变动可被该模型解释，表明模型拟合度较好，见表 5.12 和表 5.13。

表 5.12   回归模型拟合度评价表

回归系数	拟合优度	估计标准差
0.697	0.486	<0.05

表 5.13   回归模型系数估计及其显著性检验表

模型项	回归系数	回归系数标准差
β_0	0.390	0.040
x_{i1}	0.117	0.038
x_{i2}	0.165	0.050

从以上分析可知，年降水量小于 800mm 的区域中，各省（自治区、直辖市）灌溉水有效利用系数与系数节水灌溉工程面积占比以及小型、纯井灌区面积占比具有明显相关关系。对于某一个省（自治区、直辖市），当节水灌溉工程面积占比、小型和纯井灌区面积占比增加时，其灌溉水有效利用系数则较高，但不同省（自治区、直辖市）之间的灌溉水有效利用系数对上述影响因素的敏感性会有一定差异。

5.3.5 年降水量大于 800mm 的区域灌溉水有效利用系数与主要影响因子相关关系

年降水量大于 800mm 的区域灌溉水有效利用系数与节水灌溉面积比例及小型和纯井灌区面积所占比例关系图如图 5.8 所示。

从图 5.8（b）看出，小型和纯井灌区所占比例与该地区灌溉水有效利用系数无明显相关关系。其中，南方地区地表水资源丰沛，河网横纵交错，水量充足，为农业灌溉提供了得天独厚的条件。纯井灌区相对较少，部分省份基本无纯井灌区，而小型灌区多数缺乏量水设施，用水管相对薄弱；而西南地区地形复杂，小型灌区水源多数分散，输水距离长，工程设施配套率低，用水管理较薄弱，甚至个别省（自治区、直辖市）小型灌区灌溉水有效利用系数低于大中型灌区。因此，在南方地区小型、纯井灌区面积占比对该地区灌溉水有效利用系数影响不明显。在此只考虑灌溉水有效利用系数与节水灌溉工程面积占比的关系，如

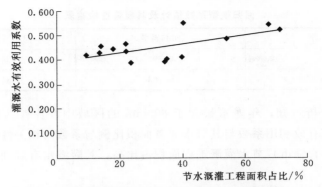

（a）灌溉水有效利用系数与节水灌溉工程面积占比关系

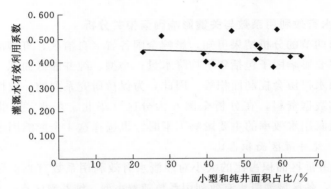

（b）灌溉水有效利用系数与小型、纯井灌区面积占比关系

图 5.8　灌溉水有效利用系数与两个主要因素相关关系图

（大于 800mm 地区）

图 5.8（a）所示。

根据回归分析，得出灌溉水有效利用系数与节水灌溉工程面积占比的相关关系如下：

$$Y_0 = 0.393 + 0.163 x_{i1} \quad (R^2 = 0.462) \tag{5.4}$$

式中　Y_0——灌溉水有效利用系数；

　　　x_{i1}——节水灌溉工程面积占比。

回归模型的回归系数为 $R = 0.680$，拟合优度 $R^2 = 0.462$，模型拟合度较好，见表 5.14 和表 5.15。

表 5.14　　　　　　　　　　　回归模型拟合度评价表

回归系数	拟合优度	估计标准差
0.680	0.462	<0.05

表 5.15 回归模型系数估计及其显著性检验表

模型项	回归系数	回归系数标准差
β_0	0.393	0.020
x_{i1}	0.163	0.049

从上述分析可知，年降水量大于 800mm 的区域中，各省（自治区、直辖市）的灌溉水有效利用系数与其节水灌溉面积比例与系数的相关性显著，即一个省（自治区、直辖市）节水灌溉工程面积占比高，其灌溉水有效利用系数则高。

5.4 不同分区灌溉水有效利用系数差异性分析

5.4.1 灌溉水有效利用系数与关键影响因素相关分析

从本章前两节的分析结果可知，影响全国各省（自治区、直辖市）之间灌溉用水效率的主要影响因子包括年平均降水量；小型、纯井灌区面积；节水灌溉工程面积以及用水户协会控制面积等。因此，为保持研究系列的一致性，同时考虑到所能获取的数据资料，在分析全国 6 大分区（华北、东北、西北、华东、中南、西南）灌溉用水效率的主要影响因素时，也选择这 4 个影响因子进行分析。

1. 小型、纯井灌区面积占比

小型、纯井灌区面积占比的大小对灌溉水有效利用系数有直接影响。从分区测算结果来看，各区域灌溉水有效利用系数随着小型、纯井灌区有效灌溉面积占比的增加有明显的增长趋势，如图 5.9 所示。东北和华北地区小型、纯井灌区有效灌溉面积占比是所有分区中较高的两个分区，分别达到 76.4％、59.6％，其灌溉水有效利用系数也比其他分区高，分别达到 0.546、0.603；而中南和西南地区小型、纯井灌区有效灌溉面积占比只有 40％左右，所以其灌溉水有效利用系数相对较低。

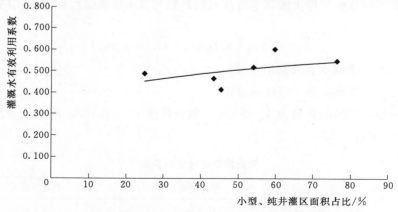

图 5.9 全国不同分区小型、纯井灌区面积占比与系数关系

2. 节水灌溉工程面积占比

从全国 6 大分区测算结果来看，节水灌溉工程面积占有效灌溉面积的比例对灌溉水有效利用系数有一定影响，如图 5.10 所示。华东地区的上海、江苏和浙江 3 个省（直辖市）的节水灌溉工程面积占比都远远超过全国平均水平，保证了其灌溉用水的高效利用，其灌溉水有效利用系数都在 0.50 以上，高于南方其他地区。而中南地区的湖南、湖北、广东、广西和海南 5 省（自治区）节水灌溉工程面积占比较小，低于全国平均值，该区域灌溉水有效利用系数平均为 0.492，低于全国平均水平。实际上，节水灌溉工程类别也直接影响灌溉用水效率高低。在同样的节水灌溉工程面积占比条件下，喷灌、微灌、管道输水地面灌溉面积占比大的地区，其灌溉水有效利用系数就高。

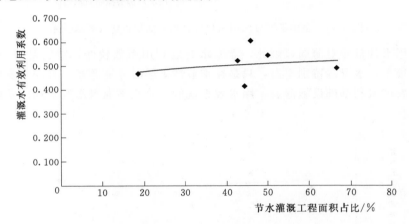

图 5.10　全国不同分区节水灌溉工程面积占比与系数关系

3. 用水户协会控制面积占比

农民用水户协会是经民主选举产生的自我管理、自主经营的群众性管水组织，其可以促进灌区高效用水格局的形成，促进节水灌溉工作的全面发展，促进灌溉管理水平的不断提高，从而提高灌溉用水效率。西南地区由于地形地貌复杂，灌溉条件较差，经济发展相对落后，用水户协会控制面积的比例较小，灌溉管理工作相对薄弱，是我国灌溉水有效利用系数最低的地区，如图 5.11 所示。

4. 年平均降水量

2014 年，华北地区、东北地区、华东地区、西北地区、中南地区、西南地区的灌溉水有效利用系数均值分别为：0.587、0.577、0.560、0.521、0.492、0.446，如图 5.12 所示。华北、东北、西北等北方地区水资源比较短缺，发展节水灌溉积极性较高，且注重灌区的管理水平，其灌溉水有效利用系数相对较高；华东、中南、西南等南方地区属湿润地区，降水量大，水资源相对丰富，主要种植水稻，且高效节水灌溉面积较小，灌溉管理不像北部地区精细，而且量水设施

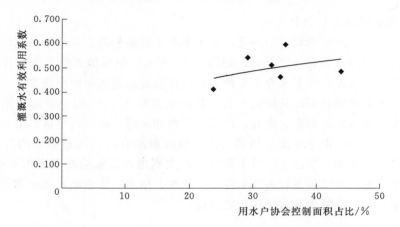

图 5.11　全国不同分区用水户协会控制面积占比与系数关系

缺乏，用水计量相对薄弱，因此，灌溉水有效利用系数较低，特别是西南地区，降水量很大，水资源特别丰富，只是在季节性干旱时才需灌溉，且经济发展相对滞后，农田水利基础设施薄弱，用水效率偏低，是我国灌溉水有效利用系数最低的地区。

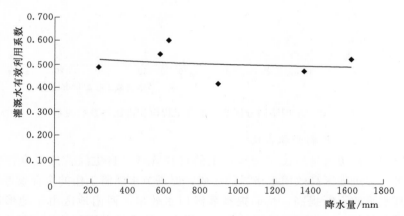

图 5.12　全国不同分区年平均降水量与系数散点图

5.4.2　分区系数差异性分析

1. 华北地区

华北地区是我国灌溉水有效利用系数最高的地区。该区灌溉水有效利用系数高于其他 5 个地区，主要原因在于该区域水资源紧缺，土地资源相对较好，平原面积广阔，土地平整度好，灌溉管理水平相对较高，节水灌溉工程面积相对较大，喷滴灌等节水灌溉技术应用广泛。另外，该区井灌面积比例较高区，而且经济相对较发达，近年来中央和地方投入了大量的资金进行灌区节水改造。例如，北京市节水灌溉工程面积占比达到 91.7%，井灌区的面积占总灌溉面积的 88.0%，是全国喷灌和微灌等先进节水灌溉方式采用比例最高的地区之一，同时北京市以种植经济作物为主，管理精细，因此，其灌溉水有效利用系数为全国最高的省（自治区、直辖市）之一；天津市自然地理和灌溉管理状况与北京市较为相似，但其节水灌溉工程面积占比和井灌区的比例均小于北京市，所以其灌溉水有效利用系数低于北京市。河北省灌溉水有效利用系数都远高于全国平均水平，主要原因在于该省井灌区比例高达 72.2%，同时由于河北省水资源比较紧缺，节水灌溉工程面积占比较高。内蒙古自治区的水资源条件、灌溉管理水平等都有利于促进灌溉水有效利用系数的提高，但由于其纯井灌区比例在华北地区相对较小，并且大型、中型灌区占比达到 47.7%。因此，内蒙古自治区的灌溉水有效利用系数相对较低。

2. 东北地区

东北地区灌溉水有效利用系数高于全国平均水平。该区域水资源条件相对较好，区内大中型平原灌区主要以引水自流灌溉为主，受工程条件以及投入等限制，灌溉用水管理薄弱，节水灌溉工程面积占比不到 30%。但由于小型灌区和井灌区灌溉水有效利用系数一般大于大型灌区和中型灌区，而该区域小型和纯井灌区面积占比较大，辽宁、吉林和黑龙江省 3 省小型灌区和纯井灌区面积占比分别为 65.3%、71.9% 和 80.1%。因此，灌溉规模效应显著地提升了区域整体灌溉水有效利用系数。同时，该地区纯井灌区中的管道输水地面灌、喷灌和微灌等节水灌溉工程面积比例较高，而且大型、中型和小型灌区中的提水灌溉比例也较高，这些都有利于提高灌溉管理水平与灌溉水有效利用系数。

3. 华东地区

华东地区虽然降水丰富，但区内多数河流水系比较分散，而且河短流急，流域面积较小，调蓄能力严重不足，工程性缺水比较严重；而且，该地区山地和丘陵较多，以小型灌区为主，大量梯田水的重复利用可以提高灌区的灌溉用水效率；同时，该区经济发达，管理水平较高，各省（直辖市）现有工程质量较好，有一定的节水灌溉发展潜力，灌溉水有效利用系数较高。因此，华东地区是我国南方灌溉水有效利用系数最高的地区。上海、江苏和浙江 3 个省（直辖市）的灌溉水有效利用系数都超过了 0.50，主要原因首先在于该区域内灌溉管理水平相对较高，保证了其灌溉用水的高效利用；同时 4 个省的中型、小型灌区面积占比较高，分别为 75.5%、80.1% 和 75.8%。因此，该区域相对南方其他地区灌溉水有效利用系数较高。但江西、安徽两省由于节水灌溉工程面积占比仅分别为 12.9%、21.5%，远低于其他省。因此，两省的灌溉水有效利用系数相对较低。

4. 西北地区

西北地区面积广阔，经济较落后，不同地区水资源条件、灌溉条件差异较大，但该区整体上水资源严重短缺，比较重视节水灌溉技术推广；近年来国家与地方投入了大量资金进行灌区节水改造，灌区工程设施相对完好。区域内的陕西省、甘肃省、宁夏回族自治区、新疆维吾尔自治区与新疆生产建设兵团的大型、中型灌区分别占各省（自治区）灌溉面积的 75.8%、75.4%、91.0%、47.7%、87.9% 和 89.6%，同时，由于陕西和甘肃两省灌溉管理精细，节水灌溉工程面积比例分别达到 45.7% 和 64.9%，因此，两省的灌溉水有效利用系数相对区域内的其他省份较高；而宁夏回族自治区的大部分灌区大量引用黄河干流水进行灌溉，节水灌溉工程面积占比很低，因此其灌溉水有效利用系数明显低于区内其他省份。新疆维吾尔自治区灌区虽然主要以大中型、长距离自流输水灌区为主，且其面积超过总灌溉面积的 87.9%，但由于节水灌溉工程面积占比相对较高，为 55.3%，因此，其灌溉水有效利用系数居该区中等偏上水平。

5. 中南地区

中南地区水资源条件较好，调蓄能力较强，灌溉条件较好，而且大中型灌区面积比例较大。从区内灌区水源来看，自流较多，提水很少，用水管理相对薄弱；河南省纯井灌区灌溉面积占比达 53.9%，高于本地区其他省（自治区），其灌溉水有效利用系数最高。而其他各省（自治区）基本无纯井灌区，并且节水灌溉工程面积占比也较低，湖南、湖北和广东 3 省分别为 21.4%、13.5% 和 9.3%。因此，该区域灌溉水有效利用系数低于全国平均水平。

6. 西南地区

西南地区水资源丰富，但地形地貌复杂，农田水利基础设施不配套，经济发展相对滞后，节水灌溉工程面积占比较小，灌溉管理水平薄弱；同时，区内四川、云南和西藏 3 省（自治区）大中型灌区灌溉面积分别为 57.4%、61.6% 和 73.0%，高于全国平均（49.0%）水平，因此，该区域是我国灌溉水有效利用系数最低的地区；但区域内各省（自治区、直辖市）灌溉水有效利用系数有明显差异。

全国各分区灌溉水有效利用系数分析结果表明，整体上，我国南方各省（自治区、直辖市）的灌溉水有效利用系数要明显低于北方；华东地区灌溉水有效利用系数是我国南方最高的地区；西北地区灌溉水有效利用系数明显低于华北和东北地区；中南地区灌溉水有效利用系数较低；灌溉水有效利用系数最低的区域是西南地区。

5.5　全国灌溉水有效利用系数的空间变异性分析

不同地区典型样点灌区及各省（自治区、直辖市）灌溉水有效利用系数分析结果表明，灌溉水有效利用系数呈现明显的区域渐变性。灌区灌溉水有效利用系数作为反映灌区或地区灌溉用水效率的重要指标，研究其空间分布规律对于评价全国灌溉用水状况，分析地区节水潜力以及影响灌溉水有效利用系数的因素有重要意义。同时基于灌溉水有效利用系数的空间变化规律，绘制等值线图，可以对无资料地区进行空间插值，供实际工作中参考。因各地区的灌溉水有效利用系数受自然条件与人为作用的综合影响，在空间上不一定是完全随机或独立的，除计算其均值、方差等统计量外，还需计算其空间变异结构，揭示其空间连续性。地质统计学可以将变量空间坐标结合到数据处理过程，通过半变异函数、克里金插值法来描述区域化变量在空间上变化的结构性，目前已广泛应用于农业、地质、土壤、水文、环境、经济及地理等领域。除地质统计学方法外，空间自相关方法也可用于空间结构研究，前者是通过变异函数变化趋势揭示变量空间分布的结构性和方向性特征，并为克里金插值提供依据，但对空间相关的显著性及正负性难以度量，而后者可以弥补这一不足，但不能为空间插值提供参考依据。

依据各省（自治区、直辖市）2009年灌溉水有效利用系数，同时运用地质统计学及空间自相关分析方法探讨灌溉水有效利用系数的空间分布特性。同时分析2009年各省（自治区、直辖市）大型灌区灌溉水有效利用系数的空间变异性。

5.5.1 研究方法

1. 地质统计学理论介绍

地质统计学是以区域化变量理论（Theory of Regionalized Variable）为基础，以变异函数（Variogram）为基本工具，以克里金插值法为手段，研究在空间分布上既有随机性又有结构性，或空间相关和依赖性的自然现象的科学。它的应用已被扩展到分析各种自然现象（地质、土壤、水文、农林业等）的空间异质性和空间格局。地质统计学分析的核心是根据样本点来确定研究对象（某一变量）随空间位置而变化的规律，以此去推算未知点的属性值。

（1）样本变异函数。样本变异函数是地质统计学解释区域化变量空间变异结构的基础，它用来表征区域变量的空间变异结构或空间连续性。当随机变量的均值不随位置 x 变化，并且其协方差 $Cov[Z(x), Z(y)]$ 只取决于 x 和 y 之间的距离 $|x-y|$ 时，变异函数可表示为区域化变量 $Z(x)$ 增量的方差的一半，也就是半方差函数。

一般表达式为

$$\gamma^*(h) = \frac{1}{2} \mathrm{Var}[Z(x) - Z(x+h)] \tag{5.5}$$

计算公式为

$$\gamma^*(h) = \frac{1}{2N_h} \sum_{i=1}^{N_h} [Z(x_i+h) - Z(x_i)]^2 \tag{5.6}$$

式中　h——分离距离；

$\gamma^*(h)$——样本的变异函数值；

N_h——在 (x_i+h, x_i) 之间用来计算样本的变异函数值的样本的对数，它的下标 h 表示 N_h 是分离距离的函数；

$Z(x)$——二阶平稳的随机函数。

将由半方差函数计算值点绘到表示 h 和 $\gamma(h)$ 间关系的半方差图上，用于拟合半方差图的曲线方程称为半方差函数的理论模型。一些已被证明是有效的、常用的变异函数（协方差）模型，包括如下：

1）球状模型。

$$\gamma(h)=\begin{cases}C_0+C_1\left[1.5\left(\dfrac{h}{a}\right)-0.5\left(\dfrac{h}{a}\right)^3\right], & 0\leqslant h\leqslant a \\ C_0+C_1, & h>a\end{cases} \tag{5.7}$$

式中　$\gamma(h)$——样本变异函数；

C_0——块金值；

C_0+C_1——基台值；

a——变差距离（变程）或相关尺度。

块金值是在极短的样本距离（$h\approx0$）之间变异函数从原点的跳升值（不连续性），是样本误差和短距离的变异性引起的。

2）指数模型。

$$\gamma(h)=C_0+C_1(1+e^{-h/a}) \tag{5.8}$$

此模型渐进地达到它的基台值，为了实用，将变异函数达到 95％的基台值时的样本间的距离定义为此模型的变差距离。

3）高斯模型。

$$\gamma(h)=C_0+C_1\left[1-e^{-(h/a)^2}\right] \tag{5.9}$$

同样高斯模型是渐进地达到它的基台值，也将变异函数达到 95％的基台值时样本间的距离定义为此模型的变差距离。

4）纯块金模型。

$$\gamma(h)=\begin{cases}C_0, & h>0 \\ 0, & h=0\end{cases} \tag{5.10}$$

纯块金模型表示变差距离为 0（$a=0$），即样本间相互完全独立。

（2）交叉证实法。根据随机变量的采样数据计算样本的变异函数值 $\gamma^*(h)$ 后，再根据样本的变异函数值来选择适当的变异函数模型 $\gamma(h)$。一般先用不同的模型进行拟合，然后通过评价各种变异函数模型的优劣，而得到较优的理论模型。本书采用交叉证实法来进行不同模型的优劣评价。

交叉证实法的具体步骤如下：

1）根据采样数据计算样本变异函数值，初步选用几种常用的变异函数模型进行拟合。

2）将第一个数据计算的样本的变异函数值 $Z(x_i)$ 暂时从数据系列中去除，用其余的测量值，采用克里金法和选择的变异函数模型来估计 x_1 点上的值 $Z^*(x_1)$。

3）将 $Z(x_1)$ 放回数据系列，重复以上步骤对其余的点进行估计，得到估计值 $Z^*(x_2)$、$Z^*(x_3)$、$\cdots$、$Z^*(x_n)$。

4）用原始资料 $Z(x_1)$、$Z(x_2)$、$\cdots$、$Z(x_n)$ 和估计值 $Z^*(x_1)$、$Z^*(x_2)$、$\cdots$、$Z^*(x_n)$ 进行统计计算。

5）通过统计计算结果，判断模型的好坏，选择较优的理论模型。

以下是用来判断变异函数模型好坏的一些统计量：

1）平均误差 $\dfrac{1}{n}\sum\limits_{i=1}^{n}[Z(x_i)-Z^*(x_i)]$ 应比较小，绝对值接近于 0。

2）均方差 $\dfrac{1}{n}\sum\limits_{i=1}^{n}[Z(x_i)-Z^*(x_i)]^2$ 应尽可能小。

（3）克里金插值。由于实验条件和时间限制，在分析随机变量空间变异的时候，不能对所研究区域上的所有点都进行取样，只能通过已知的测点对未知的区域进行估计，以此来得出该随机变量在空间的分布图。克里金插值是利用原始数据和半方差函数的结构性，对未来样点的区域化变量进行无偏估计的一种方法。针对各种不同的目的和不同的条件，可以采用不同的克里金法，主要有普通克里金法、泛克里金法、协同克里金法和析取克里金法等。在这里介绍最常用的普通克里金法。

当变量满足固有假定的条件，即对所有的 x 和 h，具有以下性质：

1）$E[Z(x+h)-Z(x)]=0$。

2）$\mathrm{Var}[Z(x+h)-Z(x)]=2\gamma(h)$。

普通克里金法的估计公式为

$$Z^*(x_0)=\sum_{i=1}^{n}\lambda_i Z(x_i) \tag{5.11}$$

式中　$Z^*(x_0)$——在 x_0 位置的估计值；

　　　　$Z(x_i)$——x_i 位置的测量值；

　　　　λ_i——分配给 $Z(x_i)$ 的残差的权重；

　　　　n——用于估计过程的测量值的个数。

为保证不偏估计，需要满足：

$$\sum_{i=1}^{n}\lambda_i=1 \tag{5.12}$$

2. 空间自相关分析

空间自相关是一种空间统计方法，用以显示某种地表现象是否存在着某种特殊的空间形态，该分析方法能够清楚地揭示整个研究区内以及各子区域之间变量的空间相互关联性，并对变量空间分布的自相关强度进行检验。常用的空间自相关指标是 Moran's I，其表达式为

$$I = \frac{1}{\sum\sum W_{ij}} \frac{\sum\sum W_{ij}(X_i - \overline{X})(X_j - \overline{X})}{\sum(X_i - \overline{X})^2} \tag{5.13}$$

式中　X_i——变量在单元 i 处的值；

$\overline{X}$——比变量 X 的平均值，双求和号表示对全区域的单元求和；

W_{ij}——空间权重系数，表示单元对间的位置关系。当 $I=0$ 时变量空间无关，$I>0$ 时为正相关，$I<0$ 则为负相关。

3. 地质统计学软件

本书采用的地质统计学软件是 GS＋（Geostatistics for the Environmental Sciences）工具。地质统计学参数的计算可应用 GS＋软件完成，将所有数据输入软件 GS＋提供的电子表格计算后，可拟合得到变量的各向同性半方差函数、变量的各向异性半方差函数、各项同性和各项异性模型、变量在全方向和不同方向上的分维，并在半方差函数的基础上进行克里金插值计算，作克里金格局图。

使用 GS＋工具进行计算时需要有关数据如下：①样点坐标（X，Y），位置绝对、相对都可以；②属性数据，即研究对象在样点的数值；③样点属性值的概率分布服从正态分布。

（1）样点坐标的转化。一般从地图上读出的是样点的经纬度，因此需要将球坐标转换成平面坐标。为方便运算，最后将平面坐标转换成相对坐标，使数据分布在坐标图中较集中的位置。

（2）属性数据。本书研究的对象是灌溉水有效利用系数，这些对象在样点的属性值就是属性数据。将样点坐标、属性数据整理在一个 dat 格式的表格中，作为 GS＋工具运行的源数据。

（3）样点属性值概率分布服从正态分布。GS＋工具进行克里金插值时要求数据服从正态分布，因此需对数据进行预处理，可采用偏度-峰度检验法分析数据的分布状态。理论上正态分布曲线是对称的，且陡缓适当，而经验分布由于采样的随机性和样本数量的限制，与理论分布有一定偏差，其偏差程度用偏度（描述曲线的偏斜程度）和峰度（描述曲线的陡缓程度）来衡量。

偏度：

$$\gamma_1 = \frac{\mu_3}{\sigma^3} \tag{5.14}$$

峰度：

$$\gamma_2 = \frac{\mu_4}{\sigma^4} - 3 \tag{5.15}$$

式中　μ_3——单一变量的三阶中心距；

　　　μ_4——单一变量的四阶中心距。

$$\mu_k = \frac{1}{n} \sum_{i=1}^{n} (x_i - \overline{X})^k \tag{5.16}$$

式中　k——取 3、4；

　　　$\overline{X}$——随意变量的平均值。

变量的标准离差 σ：

$$\sigma = \sqrt{\frac{1}{n} \sum_{i=1}^{n} (x_i - \overline{X})^2} \tag{5.17}$$

当变量服从正态分布时，样本的偏度和峰度满足下列要求：

$$|\gamma_1| \leqslant 2\sqrt{\frac{6}{n}} \quad \text{且} \quad |\gamma_2| \leqslant 2\sqrt{\frac{24}{n}} \tag{5.18}$$

否则认为变量不服从正态分布。

5.5.2　数据来源

以 2009 年的测算分析数据为基础，借助地质统计学原理和 Surfer 8.0 空间插值绘图软件对灌溉水有效利用系数空间变异性进行分析，并绘制等值线图。为更广泛的探讨影响灌溉水有效利用系数的因素及其影响规律，下面采用参考作物腾发量日均值、多年平均降水量、节水灌溉工程面积占有效灌溉面积的比例、各地区人均生产总值以及水稻作物占农作物种植面积比例 5 个指标作为影响因素的代表性指标，对这些指标进行空间变异分析并绘制等值线图。

考虑灌溉水有效利用系数受降水等与气象条件密切相关的灌溉供水量和输水流量的影响，为代表灌区的平均灌溉用水条件，选择以年平均降水量等于或接近多年平均降水量的年份为代表年进行测算分析，以 2009 年作为现状水平年。各影响因素的代表性指标除多年平均年降水量外均以 2009 年作为代表年。

地质统计学中考虑区域化变量的空间连续性时，往往是针对空间样点获得有关数值，而本书的灌溉水有效利用系数和某些以行政区为基础的影响指标均是针对某一子区域的数值，故有必要对数据进行连续性处理。假设子域中心点处密度函数值等于子域平均密度，并在实际应用中根据子域的大小，按一定比例在子区域内取不等空间点，使这些点的密度值都等于子域平均密度。

5.5.3　灌溉水有效利用系数空间分布特性分析

1. 数据的一般统计及正态分布检验

克里金插值要求数据服从正态分布，因此需对数据进行预处理，并采用偏度-峰度检验法分析数据的分布状态。根据对数据连续化处理的需要，考虑各省（自治区、直辖市）行政区的面积大小不等，在各行政区地理中心位置附近进行加点处理，并结合各行政区气象站点位置情况，在各行政区获取数据点数目 3～10 个，最后得到现状灌溉水有效利用系数样本点数据共计 123 个，以及全国 147 个站点的年平均降水量值与根据气象资料得出的参考作物腾发量值。

若统计参数偏度、峰度分别满足小于 $2\sqrt{6/n}$、$2\sqrt{24/n}$ 条件，则样本值可认为是正态分布；如为非正态分布时，可将其取对数后再计算偏度和峰度，若满足上述条件，则为对数正态分布，否则为其他分布。

灌溉水有效利用系数及影响因素代表指标的统计特征值见表 5.16。

表 5.16　　灌溉水有效利用系数及影响因素代表指标的统计特征值

样本数	变　　量	最大值	最小值	平均值	中值	标准差	偏度	峰度	$2\sqrt{\dfrac{6}{n}}$	$2\sqrt{\dfrac{24}{n}}$
123	现状灌溉水有效利用系数	0.71	0.38	0.48	0.47	0.07	0.702	−0.342	54.33	0.883
123	节水灌溉工程面积所占比例/%	87.2	7.4	36.36	36.2	18.4	0.019	−0.916	54.33	0.883
123	人均地区生产总值/(元/人)	51477	5052	13733	11431	6950.6	2.62	9.47	54.33	0.883
123	水稻作物占农作物种植比/%	59.58	0.001	14.54	6.486	16.147	0.997	0.044	54.33	0.883
147	参考作物蒸发蒸腾量/mm	4.55	1.46	2.692	2.726	0.5181	0.125	0.329	59.4	0.808
147	年平均降水量/mm	2346	18.54	714.7	526.5	515.28	0.679	−0.394	59.4	0.808

由表 5.16 可知，现状灌溉水有效利用系数、节水灌溉工程面积所占比例、水稻作物占农作物种植比以及参考作物蒸发蒸腾量和多年平均降水量在空间上均呈正态分布，而人均生产总值指标满足对数正态分布。

2. 空间变异性分析

（1）空间变异结构分析：基于各向同性假设，确定样本全方向各步长下的变异函数值，并分别采用指数模型、高斯模型、球状模型对试验变异曲线进行拟合和对比分析，不同拟合模型及相应参数见表 5.17。

表 5.17 灌溉水有效利用系数变异函数拟合模型及相应参数

模型类型	块金值 C_0	基台值 C_0+C	$C_0/(C_0+C)$	变程 A_0	决定系数 r_2	残差
球状模型	0.111	1.159	0.096	1894	0.984	0.0123
指数模型	0.001	1.232	0.001	1820	0.976	0.0195
高斯模型	0.257	1.159	0.222	1594	0.98	0.0156

利用交叉验证法进行评价，如果平均误差、误差均方根越小说明应用该变异函数模型拟合相对较好。由表 5.17 结果可以看出，3 个模型的决定系数均接近于 1，其中球状模型的残差值最小，且平均误差和误差均方根指标值也较小，交叉证实确定球状模型拟合较为理想。球状模型拟合曲线如图 5.13 所示。

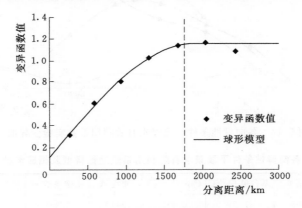

图 5.13 球状模型拟合灌溉水有效利用
系数理论变异曲线

在拟合模型中，一般认为参数块金值 C_0 代表随机变异的值，它一般由实验误差、计算误差等随机因素引起，而参数基台值 C_0+C 代表变量空间变异的结构性方差，块金系数 $C_0/(C_0+C)$ 是块金值与基台值的比值。按照区域化变量空间相关性程度的分级标准，块金系数<25%、25%~75%、>75%分别表示变量的空间相关性较强、中等、较弱。表 5.17 中球状模型拟合块金系数为 0.111，远低于 25%，说明在空间自相关范围内，灌溉水有效利用系数具有显著的空间相关性，且其变异是结构性因子起决定作用，主要由气候条件、水资源条件、土壤质地、地形等结构性因素引起的。变程 A_0 则表明变量空间自相关范围的大小，它与观测尺度以及取样尺度上影响灌溉水有效利用系数的各因素的作用有关。在变程范围内，变量具有空间自相关特征，反之则不存在。结合表 5.17 和图 5.13 球状模型拟合参数显示，灌溉水有效利用系数的空间自相关范围在 1750km 左右，表明在较大的尺度范围内，灌溉水有效利用系数仍存在着自相关性，主要归因于气象因子、年平均降水量等自然要素在区域范围内的连续性。

（2）方向性变异分析：以东西（E-W）、南北（S-N）、东北-西南（EN-WS）及东南-西北（ES-WN）4 个方向为基本方向，从各向异性角度分析灌溉水有效利用系数空间变异性，分别得到这 4 个方向的实验变异曲线（图 5.14），并拟合各自理论模型（表 5.18）。

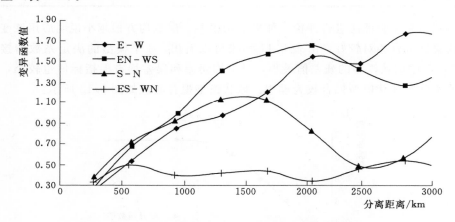

图 5.14　各向异性条件下灌溉水有效利用系数实验变异曲线

表 5.18　　　各向异性条件下灌溉水有效利用系数理论模型及相应参数

方向	块金值 C_0	基台值 C_0+C	$C_0/(C_0+C)$	变程 A	决定系数 r^2	残差 RSS	理论模型
S-N 向	0.065	1.837	0.035	2419	0.461	6.712	指数模型
EN-WS 向	0.197	1.969	0.1	1577	0.475	4.151	指数模型
E-W 向	0.485	2.313	0.21	4290	0.413	4.756	线性模型
ES-WN 向	0.001	1.773	0.001	2099	0.467	6.851	指数模型

由图 5.14 可见，除东南-西北方向外，灌溉水有效利用系数的变异函数变化趋势在其他方向上是基本一致的，在 1700km 范围则比较接近。南北向，东南-西北方向上的变异性小于其余两个方向，说明灌溉水有效利用系数受经度影响较大。

区域化变量的方向变异程度可以用基台值之比 K_1 与变程之比 K_2 来表征（K_1 表征变异幅度，K_2 表征变异范围），当 $K_1=1$、$K_2 \neq 1$ 时为几何变异性；$K_1 \neq 1$ 时为带状各向异性。由表 5.18 各模拟参数看出，除东南-西北方向外，灌溉水有效利用系数在不同方向上的块金值及基台值大小差异较小，而不同方向上变程值差别说明在不同方向上空间变异尺度相差较大，表明灌溉水有效利用系数在空间分布上同时具有几何向异性和带状向异性，呈现出较复杂的变异性。各方向上的块金系数均小于 25%，说明在各方向上结构性因素仍然占主导作用。

3. 空间自相关性分析

对空间自相关的评价指标 Moran's I 进行计算，不同距离级的 Moran's I 表面变异可采用相关图的形式表示。除全方向上（ISO）的空间自相关系数随距离的变化值外，还分别得到灌溉水有效利用系数在南北（S-N）、东西（E-W）、东北-西南（EN-WS）、东南-西北（ES-WN）4 个方向的空间自相关特征。相关分析如图 5.15 所示。

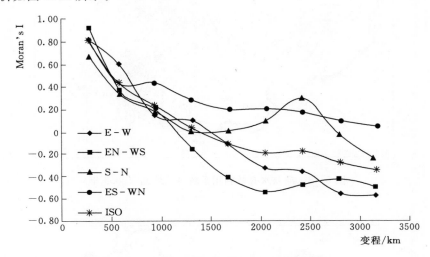

图 5.15 灌溉水有效利用系数自相关分析

由图 5.15 可知，无论是在全方向上还是各个不同方向上，灌溉水有效利用系数自相关程度随距离的增加而减弱，变化趋势一致，且没有出现明显波动。东南-西北向的自相关系数随着空间距离的增大而减小，但 Moran's I 保持正值，说明在该方向上灌溉水有效利用系数的自相关性最大，起主要作用。除东南-西北方向外，其他方向上的自相关在平均距离 1300～1700km 左右均趋近于 0，基本受随机因素影响，空间自相关法得到灌溉水有效利用系数的正自相关尺度为 1500km 左右，而由变异函数获得的相关尺度为 1750km 左右，表明两种方法在衡量自相关的严格程度不同，前者反映的相关尺度只包括正相关，后者同时包括正相关和负相关，但两者反映出的空间结构特征基本上是一致的。

4. 灌溉水有效利用系数及影响指标空间分布

总体上灌溉水有效利用系数变量在空间结构上的各向异性并不十分突出，仍可视为各向同性，并利用克里金法对其进行插值计算，绘制等值线图，依照相同方法做出各影响因素代表指标等值线如图 5.16～5.21 所示（不包括台湾地区）。

由图 5.16 可以看出，总体上从西南地区到东北地区，灌溉水有效利用系数呈逐渐增大趋势，灌溉水有效利用系数高值集中在北京、天津、河北一带，达

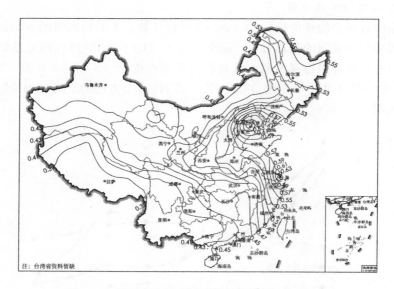

图 5.16　灌溉水有效利用系数等值线图 (2009 年)

（单位：mm/d）

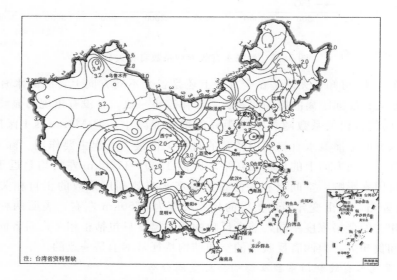

图 5.17　参考作物蒸发蒸腾量 ET_0 均值等值线图 (2009 年)

（单位：mm/d）

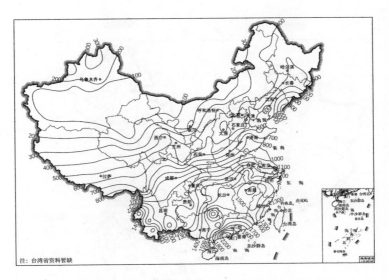

图 5.18 多年平均降水量等值线图 (2009 年)

(单位：mm)

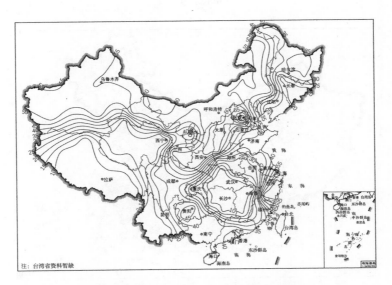

图 5.19 节水灌溉工程面积所占比例等值线图 (2009 年)

(单位：%)

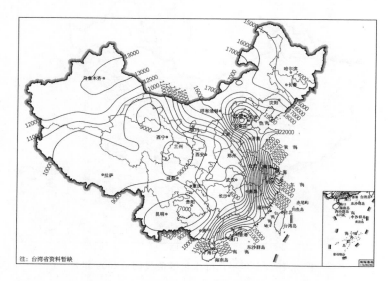

图 5.20　地区人均生产总值等值线图（2009 年）

（单位：美元）

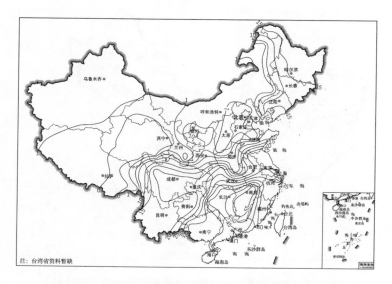

图 5.21　水稻作物占农作物种植比等值线图（2009 年）

（单位：％）

0.65 以上，东南地区江苏、浙江、上海一带的灌溉水有效利用系数也较大，约 0.55 左右。东部较西部地区等值线更为密集，区域变异性存在差别。各方向上等值线与经纬线夹角基本一致，仅南部地区等值线与经线夹角较小，即受经度影响较大。总体上呈带状分布特点，空间变异结构比较复杂。

由图 5.17 可以看出，ET_0 作为代表气象因子及海拔高程、地理纬度影响的综合指标，对灌溉水有效利用系数有一定影响。图 5.17 中 ET_0 空间分布格局显示，西北、华北及东南地区参考作物蒸发蒸腾量较大，中部及东北部较小。除西部地区外，等值线均十分密集，且局部地区出现较多斑块，本身呈现复杂的空间变异性。其空间变化趋势走向与灌溉水有效利用系数并不一致，但整体上仍有 ET_0 较大区域的灌溉水有效利用系数较小的反映，反之亦然。

由图 5.18 可以看出，降水量总体趋势是由东南沿海向西北内陆梯度递减，与我国降水分布的总体趋势一致。除少部分地区外，等值线分布稳定均一，带状分布明显。其整体变化走向与灌溉水有效利用系数呈较大夹角。同样出现降水量丰沛地区灌溉水有效利用系数较小的情况。可见宏观上灌溉水有效利用系数与年均降水量呈现出一定的负相关关系，即偏干旱、水资源较缺乏地区的灌溉水有效利用系数较高，而湿润地区、水资源丰富地区的灌溉水有效利用系数较低。自然因素对于灌溉水有效利用系数的影响比较复杂，更多是通过人为活动的间接影响，原因在于区域的气候条件和水资源状况影响该区域所采用的灌溉方式和灌溉管理水平。

由图 5.19 可以看出，节水灌溉工程面积所占比例从偏西南地区到北部地区有逐渐增大的趋势，中部地区出现极小值斑块，江浙一带有较高值。对比图 5.16 可见，节水灌溉工程面积所占比例与灌溉水有效利用系数的变化趋势基本一致，正相关关系显著，即随着节水灌溉工程面积所占比例的增加，灌溉水有效利用系数会相应提高。与图 5.17 和图 5.18 对比分析可知，区域的气候条件和水资源状况对于区域内节水灌溉工程的面积所占比例有较大影响，偏干旱地区迫于水资源缺乏的压力会更倾向于进行节水灌溉。

由图 5.20 可以看出，地区人均生产总值的变化趋势与上述灌溉水有效利用系数及节水灌溉工程面积所占比例变化趋势基本一致。可见，地区经济发展水平对于节水灌溉工程面积所占比例有直接影响，从而形成与灌溉水有效利用系数的正相关关系。所以东南等沿海一带等经济发达地区尽管水资源相对丰富，但因为其对灌区节水工程的投资力度较大，部分省（直辖市）节水工程面积所占比例甚至比北方地区还要高，这些省（直辖市）的灌溉水有效利用系数一般也较高。

由图 5.21 可以看出，水稻作物占农作物种植面积比分布格局为西北地区等值线异常稀疏分散，其他地区密集；中部地区镶嵌高值斑块；与年均降水量变化趋势一致，呈现明显的正相关关系，总体上与灌溉水有效利用系数呈一定负相关关系。可见地区气候和水资源条件直接决定了作物种植结构，而水稻作物种植比较高的地区灌溉水有效利用系数较低也是十分明显的。

5.5.4 基于大型灌区灌溉水有效利用系数空间变异性分析

由于上述数据分析过程中各省（自治区、直辖市）只利用一个灌溉水有效利用系数的综合值，而进行空间变异性分析时该值被认为在一个省（自治区、直辖市）的范围内是不变的，这在一定程度上不满足空间连续变量的假设，因此灌溉水有效利用系数在 1500km 尺度范围内具有显著的正自相关性是针对每个省级样本而言，如果以样点灌区的灌溉水有效利用系数进行分析，结果应更合理。所以，利用 2009 年全国各省（自治区、直辖市）样点灌区的灌溉水有效利用系数测算值，进一步计算分析。

样点灌区主要是按照灌区规模与类型（大型、中型、小型灌区及纯井灌区），结合灌区水源类型（自流、提灌）和工程状况分别选定。整体来讲，大型灌区数量最少，中型、小型样点灌区较多，分布更加广泛，原则上利用中小型灌区测算值进行模拟计算结果应更精确，但是由于中型、小型灌区受随机因素影响比较大，从而表现出很大的波动性，不能反映一般的地域变化规律，因此仅以全国大型灌区为例进行灌溉水有效利用系数空间变异性分析。

由于全国所有的大型灌区均参与计算，可保证计算点遍布全国范围内，且分布密集程度代表了本地区的灌溉区域大小和灌溉水平，从而使空间变异分析更加准确。下面对大型灌区灌溉水有效利用系数变异规律进行分析，是对 5.5.3 节中的分析结果的一种补充。

根据实测资料，2009 年参与测算的大型灌区共为 423 个，对这些灌区进行初步筛选（去除某些资料不全的灌区，合并某些地理位置特别靠近的灌区），最后确定参与计算的样点灌区共 350 个。通过标注各灌区的地理坐标得到，这些灌区大致平均分布于全国范围内。

1. 空间变异性分析

基于各向同性假设，确定样本全方向各步长下的变异函数值，不同拟合模型及相应参数见表 5.19。

表 5.19 灌溉水有效利用系数变异函数拟合模型及相应参数

模型类型	块金值 C_0	基台值 C_0+C	$C_0/(C_0+C)$	变程 A_0	决定系数 r_2	残差
球形模型	0.348	1.108	0.31	588	0.917	0.0326
指数模型	0.279	1.121	0.25	681	0.902	0.0386
高斯模型	0.469	1.108	0.42	867	0.914	0.0335

由表 5.19 可以看出，3 个模型的决定系数均接近于 1，其中球形模型的残差值最小，且平均误差和误差均方根指标值也较小，交叉证实确定球形模型拟合较

为理想。球状模型拟合灌溉水有效利用系数理论变异曲线如图 5.22 所示。

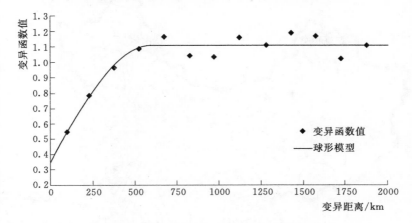

图 5.22　球状模型拟合灌溉水有效利用系数理论变异曲线

表 5.19 中球形模型拟合块金系数为 0.31，略大于 25％，说明在空间自相关范围内，灌溉水有效利用系数具有较显著的空间相关性，且其变异主要是结构性因子（气候条件、水资源条件、土壤质地、地形等）起决定作用，但其他随机因素（灌溉方式和管理状况等人为活动）的影响也不可忽略。

表 5.19 和图 5.22 显示，变程为 550km 左右。表 5.19 显示球形模型拟合结果显示灌溉水有效利用系数空间相关性的变程为 588km，从图 5.22 也可以看出，在变程超过 550km 之后，变异函数值趋于平稳，在球形模型计算值上下波动，相关性越来越差。

同理，可以对样本数据进行各向同性条件下的变异函数计算以及自相关分析。由于样点分布密集，全方向上变程为 588km，结构性因素起主要作用，因此可以推测其变化规律与各向同性条件下基本一致，故不做具体分析。

2. 灌溉水有效利用系数空间分布

经检验，样本数据的统计偏度、峰度满足要求，符合正态分布，因此可以进行克里金插值计算。利用相同方法绘制全国大型灌区灌溉水有效利用系数等值线如图 5.23 所示。

与图 5.16 相比，大型灌区灌溉水有效利用系数的分布规律与综合灌溉水有效利用系数相似，整体上从东北到西南逐渐减少，东部沿海、华北地区为集中高值区，西南部分和南方丰水区系数值较低。另外，与综合灌溉水有效利用系数相比，大型灌区灌溉水有效利用系数空间变化波动更大，这是由于用各省（自治区、直辖市）平均值进行空间变异性分析后，均化作用造成的结果。

3. 结论与分析

在各向同性假设下，大型灌区灌溉水有效利用系数空间变异的变程为

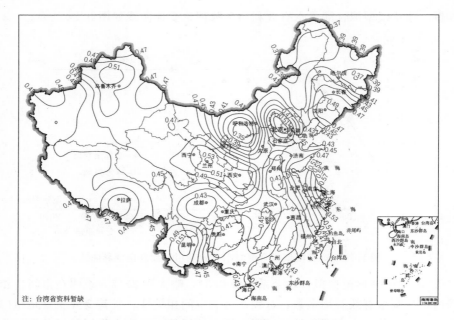

图 5.23　大型灌区灌溉水有效利用系数等值线图 （2009 年）

588km，灌溉水有效利用系数具有较强的空间结构性，在 588km 范围内各区域的灌溉水有效利用系数具有相关性；同时，大型灌区灌溉水有效利用系数空间变异的变程值 （588km） 远小于综合灌溉水有效利用系数空间变异的变程为 （1750km）。

　　大型灌区灌溉水有效利用系数等值线图表明，由于不同影响因素作用，虽然整体变化比较平缓，但地区差异仍然存在，东部灌溉水有效利用系数普遍高于西部；在经济水平高的东南沿海地区，由于有足够的技术和资金支持，能够大面积开展节水灌溉并进行科学的管理，因此灌溉水有效利用系数较高；在内蒙古和西北干旱区域，合理的种植结构、高效灌水方式及节水灌溉的推广是提高灌溉水有效利用系数的有效途径；而在中部丰水区则存在着水量浪费，这与当地的水资源条件丰富、量水设施缺乏和用水管理薄弱有一定关系；相反地，西藏西南部地带则由于渠道防渗薄弱，水田地面灌溉，蒸发、渗漏损失严重，灌溉水有效利用系数也较低。可以看出，大型灌区灌溉水有效利用系数反映出与综合值空间分布相同的规律。

　　对 2009 年各省（自治区、直辖市）平均灌溉水有效利用系数、大型灌区灌溉水有效利用系数及其主要影响因子进行空间变异性分析，得出以下结论：

　　（1）球状模型对灌溉水有效利用系数的变异性拟合较好。理论变异函数具有较大的变程，说明灌溉水有效利用系数具有较强的空间结构性，平均在 1750km

范围内各区域的灌溉水有效利用系数具有自相关性。根据各向异性分析图发现，除东南-西北方向变异性不同外，总体上灌溉水有效利用系数各方向上的基台值和变程差异不明显，可视为各向同性的。无论是在全方向上还是各方向上，灌溉水有效利用系数空间变异是结构性因素起决定作用。

（2）灌溉水有效利用系数等值线图与各影响因素代表指标等直线图分析表明，气候条件及水资源状况对灌溉水有效利用系数的影响比较复杂，总体趋势上呈现一定的负相关关系。灌溉水有效利用系数与节水灌溉工程面积占比相关关系显著；说明在一定自然条件下，区域范围内增加节水灌溉工程投入、提高管理水平、采用节水灌溉方式等措施，对提高灌溉水有效利用系数有突出成效。

（3）在各向同性假设下，大型灌区灌溉水有效利用系数空间变异的变程为588km。灌溉水有效利用系数具有较强的空间结构性，在588km范围内各区域的灌溉水有效利用系数具有相关性。

（4）大型灌区灌溉水有效利用系数的空间变化规律与各省（自治区、直辖市）平均灌溉水有效利用系数变化规律类似，但其等值线图表现得更不平稳，原因是系数值通过各省（自治区、直辖市）的平均有均化作用。

第6章 典型灌区灌溉水有效利用系数相关研究

为了在微观层面对灌溉水有效利用系数开展研究，选择典型灌区，以现有资料为基础，并适当开展典型观测分析，采用模型模拟与水量平衡分析等方法，针对灌区内灌溉水重复利用问题、渠系防渗率与渠系水利用率的关系、不同节水灌溉措施对灌溉水利用率的影响程度、灌溉节水与资源节水的关系、不同用水环节（骨干工程输水、田间工程输水、田间灌溉）灌溉用水损失、节水改造投入与灌溉水有效利用系数提高的关系等问题，在灌区不同尺度范围内进行了初步研究，以更加科学准确地认识灌区灌溉水有效利用系数变化的客观规律，为灌溉工程节水改造规划与宏观决策提供科学依据。

6.1 典型灌区基本情况

典型灌区以大型灌区为主。主要考虑到以下几个因素：①大型灌区通常具有较好的灌区用水观测、农业种植等数据资料的累积，基础资料比较好；②大型灌区管理机构相对健全，技术力量基本上有保障，有一定的工作基础；③大型灌区一般受当地水利部门重视，积极性较高，有利于研究工作的开展。

在典型灌区的选择上，主要从以下几点考虑：①兼顾我国北方和南方灌区的差异性；②灌区的气象、水文条件、种植结构、灌溉方式等在全省（自治区、直辖市）乃至地区上具有典型性；③灌区分布在农业用水问题比较突出的地区；④灌区作为水文单元相对独立完整；⑤灌溉用水效率等研究参数具有代表性。

综合考虑以上因素，选定6个大型灌区作为此次研究的典型灌区，其中北方4个，南方2个，分别为宁夏青铜峡灌区、山东位山灌区、河北石津灌区、山西汾河灌区、湖北漳河灌区、浙江铜山源灌区。其具体位置如图6.1所示。典型灌区基本情况见表6.1。

6.1.1 青铜峡灌区基本情况

1. 自然地理

青铜峡灌区位于宁夏中北部，黄河上游下段，地理位置介于东经105°37′～106°39′，北纬37°49′～39°23′。灌区地处宁夏银川平原，南起黄河青铜峡水利枢

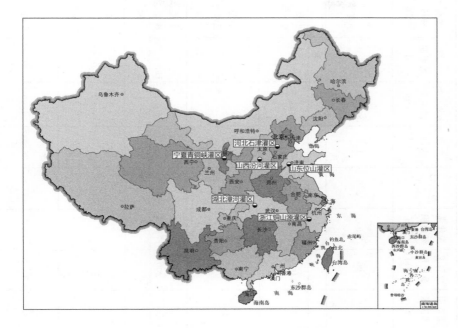

图 6.1 典型灌区位置示意图

纽，北至石嘴山，西抵贺兰山东麓 1200m 等高线，东接盐灵台地（鄂尔多斯台地）1300m 等高线以下。以黄河为界将灌区自然分为河东、河西两部分，河西灌区平原面积 4779km^2，河东灌区平原面积 872km^2。根据自然条件、灌排设施状况和土壤盐渍化情况，灌区以永宁北部四乡（增岗、胜利、望远、通桥）为界，以南为银南灌区（包括河东灌区），平原面积 1962km^2；以北为银北灌区，平原面积 3689km^2。

灌区根据引水方式的不同，分为自流灌区与扬水灌区。自流灌区由河西、河东自流灌区组成；扬水灌区由河东陶乐扬水、河东盐环定扬水与渠道边缘扬水组成。

2. 地形地貌

青铜峡灌区的主体为黄河冲积平原，其基底构造为封闭式断陷盆地类型，第四纪覆盖物巨厚达 1600m，主要以粉砂、细砂为主，间夹黏砂土、砂黏土透镜体，下伏沙层。灌区外缘多系全新晚期洪积物（砂石、砾石、碎石为主，厚 10～40m）组成的新洪积扇。此外，在东干渠、西干渠沿线及灵武、陶乐均有以中细砂、粉细砂为主的风积盖层。

河东灌区地面高程为 1107～1154m（自流灌区），自南面和东面向黄河倾斜，地面坡降 1/4200～1/1400，外缘多以高阶地洪积扇上覆风积沙丘与缓坡丘陵、

表 6.1　典型灌区基本情况表

序号	灌区名称	所在省份（自治区）	灌区范围	建设时间/年	取水水源	取水方式	渠首引水流量/(m³/s)	规划灌溉面积/万亩	现状灌溉面积/万亩	总人口/万人	农业人口/万人	多年平均降水量/mm	平均无霜期/d	主要种植作物
1	青铜峡灌区	宁夏	青铜峡、利通区、灵武等 11 个县（市）	1969—1974	黄河	引水	380	506	495	245	127	180~220	150~180	水稻、小麦等
2	汾河灌区	山西	太原市、晋中地区、吕梁地区等 11 个县（区）	1932	汾河	引水	97	149.6	138.8	101.74	94.74	453.1	171	小麦、玉米等
3	位山灌区	山东	东阿、阳谷、冠县等 7 个县（市）	1958	黄河水	引水	240	540	500	357.37	304.31	557	200	小麦、玉米等
4	石津灌区	河北	鹿泉、藁城、深泽等 14 个县（市）	1950—1960	岗南水库、黄壁庄水库	蓄水	100	200	173.06	136.8	123.1	507.2	190~200	小麦、棉花、玉米等
5	漳河灌区	湖北	荆门、当阳、钟祥等 4 个市	1958	漳河水库	蓄水	110	260.5	220.7	150.3	105.87	970	246~270	水稻、小麦、油菜等
6	铜山源灌区	浙江	衢江、龙游和柯城 3 个县（区）	1959	铜山水库	蓄水	28.69	30.2	30.2	35.8	26.73	1760	260	水稻等

山前丘陵相接。河西灌区地面高程 1080.00～1137.00m，南高北低，地面坡度南陡北缓，西陡东缓。自南而北，地面坡度由 1/3000～1/1300 缓至 1/8000～1/6000。西部贺兰山洪积扇前部坡降 1/1500～1/500，向东即趋低缓平坦。银北平罗、石嘴山在垂直黄河方向无明显坡降，西部扇前槽形洼地地面普遍低于黄河高水位1～3m，高庙湖、燕窝池洼地中心低于黄河高水位 3～5m。

3. 气候特征

青铜峡灌区深处内陆，属干旱与半干旱气候过渡带，大陆性气候特征明显，干旱少雨，蒸发强烈，风大沙多。灌区多年平均降水量 180～220mm，多集中在 7—9 月，占年降水量的 70% 左右。灌区多年平均蒸发量 1000～1500mm（E601型），干旱指数 4.8～8.5，是典型的没有灌溉就没有农业生产的地区。灌区光热资源充足，年均气温 8.5℃，气温日较差 12.9～14.2℃，年太阳辐射 143～146kCal/cm²，日照时数 2800～3200h，大于 10℃的积温 3000～3300℃；灌区气候干燥，多年平均相对湿度 51%～56%，年内以 4 月最小，8 月最大，并呈现冬春干燥，夏秋稍湿的趋势；灌区无霜期较短，正常年份 145～183d，最短 123～129d；灌区全年多风，平均风速 2.0～2.9m/s，最大风速 34m/s，多为偏北风。

4. 水利工程设施

灌区现有河东、河西总干渠 2 条，西干、唐徕、汉延、惠农、秦汉等主要干渠、支干渠 16 条，渠首引水流量 380m³/s，总长 1084.3m，其中衬砌长度 143.8km，占渠道总长度的 13.3%；渠道经常发生冲淤、衬砌破坏、严重漏水、可能坍塌的渠段总长 519.5km，占渠道总长的 47.7%，详见表 6.2。灌区现有骨干排水沟道于 20 世纪 60 年代基本建成，共有 24 条，总长 660.1km，排水能力 558.6m³/s，控制排水面积 628.7 万亩，年排水量 34.34 亿 m³，计入其他排水沟，年总排水量 40.9 亿 m³。

6.1.2 汾河灌区基本情况

1. 自然地理

汾河灌区是山西省最大的自流灌区，设计灌溉面积 149.55 万亩。灌区位于山西省太原盆地，位于东经 111°55′～112°37′，北纬 37°07′～37°53′。北起山西省太原市尖草坪区上兰村，南至晋中地区介休市洪相村，西起太原至汾阳公路和磁窑河，东至太原至三门峡公路和南同蒲铁路。南北长约 140km，东西宽约 20km。灌溉着太原市、晋中地区、吕梁地区等 11 个县（区）、60 个乡镇、522 个村的 149.55 万亩土地，并担负着向太原钢铁公司和太原第一热电厂的工业供水任务。全灌区分为 4 个灌排渠系相对独立的灌区，即一坝灌区、二坝的汾东、汾西灌区和三坝灌区，灌溉面积分别为 30.87 万亩、31.545 万亩、52.2 万亩和 34.935 万亩。

2. 地形地貌

汾河灌区地处太原盆地的"底部"，属冲积平原地貌。自灌区上端至灌区尾部有 10 条较大支流流入汾河，即东有阳兴河、潇河、象峪河、乌马河、昌源河、沙河、惠济河、龙凤河；西有白石南河、磁窑河。

灌区地形平缓，总的地形趋势由东北向西南倾斜，地面高程由 810m 缓变至 735m，地面自然坡降南北为 1/3000~1/1250，东西为 1/1500~1/1200。

由于汾河灌区处于太原盆地中部的汾河两侧，土壤母质为汾河冲洪积沉积物，土壤质地的剖面结构形式比较复杂，灌区土壤分为褐土、潮土、盐土和水稻土等 4 类。汾河灌区主要土类是潮土占 99.77%，盐土和水稻土各占 0.12% 和 0.08%，褐土类仅占 0.03%。

汾河灌区土壤盐渍化情况比较普遍，盐渍化面积占总灌溉面积的近 1/5，主要分布在二坝汾西灌区及三坝灌区。随着区域地下水埋深的不断下降，灌区内盐碱危害大大减轻，盐碱地面积零星分布在三坝灌区的少数地方。

3. 气候特征

汾河灌区处于中纬度大陆性季风带，四季分明。春季多风干燥，夏季多雨、炎热，秋季多（少）晴，冬季少雪、寒冷。最高气温 39.4℃，最低气温 −25.5℃，年平均气温 9.5℃。灌区内无霜期多年平均 171d，从 4 月底开始至 10 月初止；地冻时间一般发生在 11 月至次年 3 月，最大冻结深度一般在 2 月，最大冻土深 0.95m。

灌区降水的年际变化很大，平均年降水量为 453.1mm，年内分配极不均匀，汛期占 72%，尤以 7 月、8 月为多，冬春季节 6 个月时间降水总量仅占年降水量的 12.7% 左右。灌区多年平均蒸发量 1031.9mm，多年平均蒸发量为多年平均降水量的 2.28 倍，由于冬、春缺雨、雪，春旱十分严重，同时降水量分配不均，加之蒸发与降水量相差悬殊，常有跨年连续干旱或连续雨涝现象的发生，故"十年九旱、春旱交错"是本区的自然特点。

4. 水利工程概况

汾河灌区具有悠久的灌溉历史，灌区的骨干灌排渠系及建筑物大部分为 20 世纪 50 年代、60 年代兴建的工程。现有水源工程，即汾河水库一处，多年平均供水量 3.5 亿 m^3。引水工程三处，即一坝渠首工程，设计引水能力 28m^3/s，控制灌溉面积 30.87 万亩，同时还担负向太原钢铁公司和太原第一热电厂工业供水的任务；二坝渠首工程，设计引水能力 43m^3/s，控制汾东、汾西灌溉面积 83.745 万亩；三坝渠首工程，设计引水能力 26m^3/s，控制灌溉面积 34.935 万亩。

汾河灌区现有四级灌溉固定渠道，即干渠、支渠、斗渠、农渠，全灌区共有灌溉渠道 2758 条，总长 3531.93km。其中干渠 5 条，全长 196.44km；支渠 20

条，全长 225.32km；斗渠 331 条，全长 871.45km；农渠 2402 条，总长 2238.72km。现有渠系建筑物 10535 座，主要有闸、桥、涵洞与渡槽等，其中干渠、支渠及灌溉面积万亩以上斗渠的各类建筑物 1316 座，斗农渠渠道建筑物 9219 座。

全灌区还有干渠、支渠、斗渠、农渠等 4 级排退水沟 1360 条，长 1899.4km，排退水建筑物 3194 座。灌区还有 2 条天然河道作为排退水主干渠，即汾河和磁窑河。由于多方面的原因，建筑物损坏严重，据统计，骨干渠系建筑物完好率仅为 65%，其余 35% 的建筑物已不能运行。

灌区现有工程设施条件下，全灌区年平均引水量 3.5 亿 m^3，综合灌水次数为 1.6 次，综合灌溉定额 234m^3/亩。若按 50% 保证率计算，综合灌溉定额应达到 335m^3/亩，综合灌水次数应为 2.81 次，其现状的满足程度仅为 69.8%。随着汾河及其边山各支流径流量的日趋减少和汾河水库供水能力的下降，汾河灌区的可引用水量将会日趋减少，干旱缺水问题日趋严重。

由于渠道防渗率低，建筑物不配套，田面工程差，灌水方法落后，以及大水漫灌等原因，灌区目前的渠系水利用系数仅为 0.549。灌溉水有效利用系数 0.373，若计入汾河河道输水损失，灌溉水有效利用系数仅为 0.271。

6.1.3 位山灌区基本情况

1. 自然地理

位山灌区位于山东省聊城市的中东部，地理位置东经 115°22′～116°34′，北纬 35°50′～37°02′，南临黄河，北靠卫运河，设计灌溉面积为 540 万亩，现状灌溉面积约为 500 万亩。灌区范围涉及聊城市的东昌府、临清、茌平、高唐、阳谷、东阿和冠县 7 个县（市、区）、117 个乡（镇），土地总面积 5734.3km^2。

2. 气候特点

灌区具有冬寒少雪、春旱多风、夏热多雨、秋晴日照长的自然特点，使灌区形成了春秋易旱、冬季干寒的气象特征。灌区多年平均降水量为 557mm，其中 6—9 月降水量为 410.5mm，占全年降水量的 73.64%。区内降水的年际变化也很大，最大年降水量达 987mm（1937 年），最小年降水量仅 309.7mm（1992 年），最小年降水量不及最大年降水量的 1/3。灌区多年平均水面蒸发量为 1287mm，干旱指数为 2.3。

3. 水利工程概况

位山灌区主要通过位山闸引黄河水，经东、西 2 条输沙渠，2 个沉沙区分别进入一干渠、二干渠和三干渠，此骨干工程总长 274km；跨乡（镇）的分干渠 53 条，总长 961km；支渠 825 条，总长 2176.6km，其中流量大于 1.0m^3/s 的 385 条，总长 2100km；各类水工建筑物 5000 余座，其中主要建筑物 1522 座，大型调控建筑物 20 座。根据灌区地形条件，逐渐形成了骨干工程（支渠及其以上）排灌分设、田间工程灌排合一的工程模式。按照分级管理的原则，灌区实行计划用水、分级配水的管理办法，聊城市负责跨县（市、区）骨干工程的建设与管理；支渠、斗渠以下分别由县（市、区）、乡（镇）进行管理。

6.1.4　石津灌区基本情况

1. 自然地理

石津灌区地处太行山东麓，河北省中南部平原，位于东经 114°19′～116°30′，北纬 37°30′～38°18′，位于滹沱河与滏阳河之间，境内地形可分为山麓平原、倾斜平原和冲积平原三种地貌。石津灌区土地资源丰富，控制范围内耕地面积为 435 万亩共涉及石家庄、衡水和邢台 3 个市，14 个县（市）中的 158 个乡镇、1467 个行政村。主要农作物为小麦、棉花和夏玉米。灌区是河北省重点粮、棉、林果基地、目前灌区农作物复种指数已达到 1.80～1.85。

2. 气候特点

灌区属温暖带大陆性季风气候区，多年平均降水量 507.2mm，降水量年内分配不均，多集中在 6—8 月，占全年降水量的 70％左右，并且多以暴雨形式出现，春季降水量仅占 8％～12％。年蒸发量为 1000～1200mm，年平均气温 12～13℃，1 月平均气温为－9℃，极端最低气温－22℃，7 月平均气温最高为 32℃，极端最高气温 41.9℃。年最大冻土深 47cm。全年无霜期 190～200d。年日照时数为 2626.5h，日照率 59％，0℃以上日照总时数为 2124.2h。0℃积温为 4600～5000℃。气象条件适宜冬小麦、玉米、棉花等多种作物生长。

3. 水利工程概况

灌区灌溉系统包括总干渠、干渠、分干渠、支渠、斗渠、农渠 6 级固定渠道。总干渠长 134.23km，渠首设计流量 100m³/s，加大流量 120m³/s。干渠 8 条，总长 183km，分干渠 30 条，总长 379km；支渠 268 条，总长 866km；斗渠 2429 条，总长 2973km。目前各级渠道防渗总长度 435km，总干渠、干渠、分干渠、支渠的衬砌率分别达到 8.0％、5.9％、21.2％、45.5％。斗渠以上渠系建筑物 12040 座。灌区内纯井灌面积 33.06 万亩，井渠双灌约 2 万亩。灌区排水系统共有排水干沟、分干沟 63 条，总长 1160km，排水支沟 380 条，总长 1452km，现状排水标准多为 5 年一遇。排水容泄区为灌区东南边界的滏阳河。由于灌区近年未发生大的洪涝灾害，群众防洪意识淡薄，目前田间排水系统基本消失，排水干沟也存在淤积、排水不畅等问题。

6.1.5　漳河灌区基本情况

1. 自然地理

漳河灌区地域辽阔，土地肥沃。东滨汉江，西迄沮河，南抵长湖，北接宜城。地跨荆州市的荆州区、菱角湖农场，宜昌市的当阳市、草埠湖农场，荆门市的掇刀区、东宝区、沙洋县、钟祥市和省属沙洋农场。灌区位于北纬 30°00′～

31°42′、东经 111°28′~111°53′，南北长约 85km，东西宽约 60km，总面积为 5544km²。

漳河灌区地势西北高，东南低，自西北向东南倾斜，海拔高程 25.7~120m。整个灌区分为丘陵和平原，其中丘陵地区自然面积 4659km²，占总面积的 84%；平原地区自然面积 885km²，占总面积的 16%。

漳河灌区涉及荆门市、钟祥市、当阳市和荆州区三市一区的 139 个乡（镇）、490 个村；总人口 150.3 万人，其中农业人口 105.87 万人，城镇人口 44.43 万人。总耕地面积 244.8 万亩，其中水田 219.75 万亩，旱田 25.05 万亩。灌区设计灌溉面积 260.55 万亩，有效灌溉面积为 220.65 万亩，多年平均实际灌溉面积 208.05 万亩。漳河灌区主要种植的作物有水稻、小麦、油菜和棉花等旱作物。就水稻生产情况看，灌区内种植有早稻、中稻、一季晚稻或双季晚稻。

2. 气候特点

漳河灌区属亚热带大陆性气候区，雨量充沛，多年平均雨量为 970mm。年降水量在地区上分布不均，南大于北，西大于东；降水在年内也分布不均。灌区内这种降水特点，使得春旱、夏旱、伏秋连旱、冬旱以及洪涝灾害频繁发生，给农业生产带来不利影响。年平均气温为 17℃左右，最高 40.9℃，最低−19.0℃。全年无霜期为 246~270d。

3. 水利工程概况

漳河灌区布置总干渠、干渠、分（支）干渠、支渠、分渠、斗渠、农渠、毛渠等 9 级渠道，总长为 7167.65km；建有渡槽、隧洞、各类水闸等渠系建筑物 16061 座。除漳河水库外，灌区内建有其他中小型水库 314 座，总库容 8.45 亿 m³。下游沿长江、汉江、长湖一带新建 155kW 以上泵站 83 处，总装机 237 台，81181kW，设计提水流量 131.46m³/s。基本形成了以大型水库为骨干，中小型水利设施为基础，泵站作为补充的大、中、小相结合，蓄、引、提相结合的水利灌溉网络。

6.1.6 铜山源灌区基本情况

1. 灌区范围

铜山源灌区位于浙江省西部、金衢盆地西端，衢江北岸。地理位置在东经 118°49′~119°14′、北纬 28°59′~29°12′，灌区面积 804.5km²。灌区范围包括衢州市所辖的柯城区、衢江区和龙游县共 16 个乡镇和十里丰农场的 7 个农业大队，灌区土地面积 120.6 万亩，设计灌溉面积 30.24 万亩。

2. 地形地貌

区域山脉众多，皆为西南-东北走向，构成区域南北西部山地，其内岗峦起伏，坡陡谷深，千米以上山峰达 318 座。常山港、江山港、衢江等河流贯穿市境，在常山港和江山港沿岸分布有半封闭式串珠状河谷盆地，自西向东逐渐展阔，构成金衢盆地的西缘，衢江两岸为河谷平原，山地与平原之间，衔接有丘陵盆地，地形开阔，平坦，宽度 10～20km 不等，最低海拔 33m 左右（龙游县的湖镇邵家附近），自东南向西北，形成一个走廊式盆地。

3. 气候特点

铜山源水库灌区地处浙西，属亚热带季风性气候区，四季分明，气候温和，雨量充沛，光照充足。灌区多年平均年降水量 1760mm，但年际间分布不均匀，最大年降水量达 2335mm（1954 年），最小年降水量为 1029mm（1934 年）。同时，降水时空分布不均匀，全年降水量主要集中在 4 月中旬至 6 月底的梅雨期，占全年降水量的 42.9%；7—8 月，又以晴热少雨干旱天气为主，气温高，蒸发量大，农田耗水量大，作物需水量大，因此旱季供水较为紧张。灌区多年平均径流深为 1168mm，多年平均年径流系数为 0.664，多年平均年陆地蒸发量 968.1mm，以 7—9 月为最高，蒸发量为 450.3mm。

4. 水利工程概况

灌区内现有东、西两条干渠，东干渠总长 42.98km，从铜山源水库坝下起向东至龙游县八石畈水库刘家与茂盛弯支渠的分水口，渠首设计引水流量 21.93m³/s；西干渠总长 22.31km，从铜山源水库坝下起通过雷锋渡槽向西南至柯城区万田乡翁塘垄水库，渠首设计引水流量为 6.68m³/s。两条干渠下有 25 条支渠，总长度 277km。灌区水源工程有大、中型水库各一座，小（一）型水库 14 座，小（二）型及山塘 2341 座，总库容 2.3831 亿 m³。其中铜山源水库是灌区的主要供水水源，位于衢州市衢江区杜泽镇以北 1km 处，总库容 1.71 亿 m³，正常库容 1.21 亿 m³。

6.2　研究内容和方法

由于典型灌区条件与资料情况各不相同，重点研究的内容与研究方法亦不相同，但主要采用首尾法、水循环模拟方法进行研究。为了进行比较分析，在有的灌区同时采用经验公式法和动水法开展研究。

6.2.1　研究内容

根据不同典型灌区数据资料、量测设施等条件，在已有研究成果基础上重点针对以下几个方面开展了初步研究：

（1）灌溉水循环特点，灌区内灌溉水重复利用，灌溉节水与资源节水的关系。

（2）不同环节（骨干工程输水、田间工程输水、田间灌溉）灌溉用水损失量及其比重，不同环节改造投入与灌溉水有效利用系数提高的关系。

（3）基于技术经济、生态健康等综合效应的灌溉水有效利用系数阈值以及用水效率提高潜力。

（4）不同节水措施（工程、非工程措施）与灌溉水有效利用系数的关系，对灌溉节水、灌溉耗水量的影响，改造投入与灌溉水有效利用系数关系。

（5）灌区灌溉水有效利用系数增长预测。

6.2.2 研究方法

1. 首尾测算分析法

为了统计灌区的年灌溉用水总量、各种作物的实灌面积，根据计算分析、典型调查与观测确定实际净灌溉定额，以作物净灌溉定额近似替代亩均净灌溉用水量，即根据首尾测算分析法用下式计算灌区该年度的灌溉水有效利用系数 η_w：

$$\eta_w = 0.667 \times \frac{\sum_{i=1}^{N} M_i A_i}{W_a} \tag{6.1}$$

式中　M_i——灌区第 i 种作物净灌溉用水量，mm；

　　　A_i——灌区第 i 种作物实灌面积，亩；

　　　A——灌区作物种类总数。

式（6.1）中，0.667 为单位换算系数，若亩均净灌溉用水量用 $\text{m}^3/$亩，则不需要单位换算，以下相同。

2. 经验公式法

首先，按式（6.2）计算渠道输水损失，即

$$\sigma = \frac{A}{100Q_n^m} \tag{6.2}$$

式中　σ——每 km 渠道输水损失系数；

　　　A——渠床土壤透水系数；

　　　m——渠床土壤透水指数；

　　　Q_n——渠道净流量，m^3/s。

渠道输水损失水量：

$$Q_l = \sigma L Q_n \tag{6.3}$$

式中　Q_l——渠道输水损失水量，m^3/s；

　　　L——渠道长度，km。

然后对灌区的渠道进行等效渠道概化处理，计算不同等级的渠道水利用系数和渠系水利用系数，再乘以田间水利用系数，得到灌溉水有效利用系数。

3. 动水法

根据典型渠道测流断面的实测资料，分别计算典型渠段的损失水量、典型渠段输水损失率、渠道单位长度损失率，进而计算各级渠道的渠道水利用系数。由于灌区渠道分级多，如逐级测算工作量巨大，并且存在大量的越级取水，因此在

实际操作中需要将渠系概化（通常将渠系概化为总干渠、干渠、支渠、斗渠、农渠共 5 级进行测算），针对不同级别选择典型渠段进行观测，分析得到典型渠道的渠道水利用系数，然后按水量加权获得各级渠道的渠道水利用系数。

（1）典型渠道（渠段）测量时段内损失水量计算。测量时段内的损失水量 $w_{损}$ 为

$$w_{损} = w_{首} - w_{尾} - \sum w_i \pm \Delta w_{蓄} \tag{6.4}$$

式中 $w_{首}$ ——测量时段内典型渠道（渠段）首部测量断面的累计水量；

       $w_{尾}$ ——测量时段内典型渠道（渠段）尾部测量断面的累计水量；

   $\sum w_i$ ——测量时段内渠段间下级渠道的累计取水量；

   $\Delta w_{蓄}$ ——测量始末典型渠道（渠段）蓄水量的变化，增加的情况取 "一" 号，减少的情况取 "＋" 号。

（2）典型渠段的输水损失率。典型渠段的输水损失率 $\delta_{典}$ 等于典型渠段测量时段内损失水量与渠段首部断面的累计水量之比，即

$$\delta_{典} = \frac{w_{损}}{w_{首}} \tag{6.5}$$

（3）典型渠道单位长度的输水损失率。实际渠道不论是按续灌方式运行还是按轮灌方式运行，在有分水情况下流量自渠首至渠尾逐渐减小，单位长度的损失水量也相应减少，故由典型渠段的输水损失率计算实际渠道单位长度输水损失率 $\sigma_{典}$ 时，必须进行换算。典型渠道单位长度的输水损失率可由下式计算：

$$\sigma_{典} = [k_2 + (k_1 - 1)(1 - k_2)] \frac{\delta_{典}}{L_{典}} \tag{6.6}$$

$$k_1 = 1 + \frac{Q_{尾}}{Q_{首}} \tag{6.7}$$

式中 $L_{典}$ ——典型渠段的长度，km；

     k_1 ——输水修正系数；

   $Q_{首}$ ——渠首流量，m^3/s，

   $Q_{尾}$ ——渠尾出流流量，m^3/s；

     k_2 ——分水修正系数。

实际渠道的分水情况是很复杂的，为便于应用，简化为线性分水，即假定换算到单位渠长上的分水量自渠首至渠尾呈直线变化；如果实际渠道接近均匀分水，即上下游控制面积区别不大，则 $k_2 = 0.5$。

（4）各级渠道的输水损失率 $\delta_{渠}$。计算出典型渠道单位长度的输水损失率以后，利用该级各典型渠段的长度 $L_{典}$ 加权平均，得到该级渠道的渠道水平均单位长度输水损失率 $\sigma_{平}$。

$$\sigma_{平} = \frac{\sum \sigma_{典} L_{典}}{\sum L_{典}} \tag{6.8}$$

则该级渠道的输水损失率 $\delta_渠$ 为

$$\delta_渠 = \sigma_平 L_渠 \tag{6.9}$$

式中 $L_渠$——该级渠道的平均长度，km，即该级渠道的总长度除总条数。

（5）各级渠道的渠道水利用系数 $\eta_渠$，即

$$\eta_渠 = 1 - \delta_渠 \tag{6.10}$$

（6）灌溉水利用系数 η。将各级渠道的渠道水利用系数连乘即得到渠系水利用系数 $\eta_{渠系}$，即

$$\eta_{渠系} = \eta_{总干} \eta_干 \eta_支 \eta_斗 \eta_农 \tag{6.11}$$

灌溉水有效利用系数等于渠系水利用系数 $\eta_{渠系}$ 与田间水利用系数 $\eta_田$ 的乘积，即

$$\eta = \eta_{渠系} \eta_田 \tag{6.12}$$

4. 水循环模拟法

水循环方法的主要研究思路是以灌区水循环模拟模型作为核心分析工具，结合必要的实验观测和实地调研、数据资料收集、统计分析，在摸清灌区引水、用水、耗水、排水的基础上，通过灌区灌溉水有效利用系数分析评价进行相关研究。

强烈的人类活动干扰灌区自然水循环过程，只有从自然-人工复合水循环机理出发，针对灌区水循环的特点，识别降水、地表水、土壤水和地下水的转化规律，才能客观地模拟自然-人工复合水循环系统。为开展灌区灌溉水有效利用系数评价，本书主要采用改进的 SWAT 模型、WACM 模型、MODCYCLE 模型进行灌区水循环的模拟，利用构建的模型研究分析各种灌溉情景下灌区水循环的定量响应。各模型在这里不做具体介绍，可参看相关资料。

6.3 典型灌区灌溉水循环特点

6.3.1 典型灌区水循环特点

本次选取的典型灌区，基本上处于不同的气候区。典型灌区水循环特点可归结为 3 类。

（1）处于我国西北内陆干旱区的宁夏青铜峡灌区。该灌区属于平原型灌区，灌区降水不足，蒸发强烈，但过境黄河水资源丰富，灌溉用水量较大，属于我国北方地区少数几个充分灌溉的大型自流灌区之一。青铜峡灌区农业生产对灌溉的依赖性大，基本上无灌溉则无农业，灌区水循环过程受人为控制的程度很高。灌

区的农业灌溉引水是灌区水循环的主要驱动因素，灌区蒸发、排水、地下水位埋深等特征量与灌溉引水量联系密切。由于大量非本地水源的人工引入，极大改变了本地水循环过程，使灌区成为干旱半干旱地区的绿洲地带，地表水-土壤水-地下水之间转化频繁。大量渠道渗漏水量、田间深层渗漏水量以及灌溉尾水补给地下水，灌区地下水埋深较浅，是维持区域生态环境的重要水源。由于降水不足，灌区内地下水埋深十分敏感，而地下水位直接受灌溉引水量影响，引水量的波动将直接影响灌区生态环境的稳定性。

（2）处于半湿润区的山东位山灌区、河北石津灌区和山西汾河灌区。这 3 个灌区均位于我国华北平原半湿润地带，区域降水量为 450～600mm。由于地表水资源不足，通常采用井渠双灌。受灌溉水量限制，非充分灌溉方式比较普遍。灌区的水循环主要特征是雨水资源和灌溉水资源对灌区农业生产均有较大影响。灌区地下水埋深较大，土壤水与地下水之间的直接联系较弱，灌区水分循环主要以田间垂向循环为主。降水、井灌取水、地表灌溉水量在田间主要以蒸发形式消耗，部分渗漏水量补给到当地地下水，经由井灌过程重新回到田间，水资源的重复利用程度较高。由于灌区地下水埋深大，当地地下水基本上不形成流向河道或排水系统的基流。灌区降水条件尚可，灌区生态环境主要依靠雨水资源，而与地下水埋深情况联系不大，因此受灌溉取水量的影响较小。

（3）处于湿润区的湖北漳河灌区和浙江铜山源灌区。这两个灌区处于南方丘陵地区，降水丰沛，灌区降水量为 1200～1600mm。灌区主要种植水稻，一般采用充分灌溉方式。灌区的主要水循环特点是灌区降水是主导灌区水循环的主要驱动因素，人工灌溉为次要驱动因素。灌区主要通过地表水灌溉，利用地下水灌溉水量极少。除灌区渠系之外，灌区内部分布的大量塘堰与渠系系统联合形成灌区的整体灌溉系统。灌区降水丰沛，除水稻之外的作物基本只需要进行补充灌溉。水稻灌溉通常产生大量渗漏，渗漏的水分通过灌区的排水系统和河道进行排水。与北方大部分灌区不同，南方灌区降水量通常高于蒸发量，土壤比较湿润，灌区降水—产流关系比较明显。同时由于丘陵灌区存在一定的坡度，壤中流和地下水的侧向运动也在水循环通量中占有一定比例。

6.3.2　灌溉节水与资源节水的关系

1. 灌溉水有效利用系数与灌溉节水、资源节水的关系

对于一个节水灌溉项目来说，从灌溉用水角度和从水资源角度来分析节水量是完全不同的，可以分别计算出灌溉节水量和资源节水量。

灌溉水在从源头取水到田间灌溉被作物有效利用的过程中，要经过输水中的蒸发、渗漏，田间深层渗漏、蒸发以及管理造成的水量损失等，这些损失为灌溉用水损失，减少这部分损失即为灌溉节水。而渗漏损失水量可以入渗到地下补充地下水资源，从水资源的角度没有损失。从区域水资源的损耗来讲，浪费只有输

水过程的蒸发以及田间等无效的蒸发蒸腾部分,减少这部分耗水损失,就是资源节水。灌溉节水量关注的是工程节水效益,与灌溉工程将水从渠首引入、经过输水系统送到田间灌溉的全过程中水的利用效率密切相关;而资源节水关注的是资源的合理利用。下面用一个理论化的例子说明灌溉水有效利用系数与灌溉节水量、资源节水量的变化(1次灌水),见表6.2。

表 6.2　　　　　　　灌溉水有效利用系数与灌溉节水量、资源节水量关系

内　　容		节水改造前 (基准状态)	工程节水 改造后	综合节水 改造后
灌溉方式		土质渠道 地面灌	管道输水 地面灌	管道+综合 节水措施
地下抽水量/m³		100	5	26
输水过程/m³	渗漏	35	2	2
	蒸发	10	0	0
田间灌溉/m³	蒸发腾发量	40	40	20
	渗漏	15	15	4
地下水净开采/m³		50	32	20
灌溉水有效利用系数		0.45	0.702	0.769
灌溉节水量/m³		—	43	74
资源节水量/m³		—	10	30

从表6.2可以看出,灌溉水有效利用系数的提高对应的两个节水量值差异较大。在节水灌溉项目效益分析中应该分析计算两个节水量,一个从工程效益角度出发,另一个从资源节约角度出发,意义不同,用途不同。理论上来说,在资源型缺水地区,可以进行水权交易和用于扩大灌溉面积或转移其他用途的是资源节水量,而不应是灌溉节水量。解决区域地下水超采、河流断流、湖泊湿地萎缩等生态环境问题,关键是资源节水。

2. 灌溉节水与资源节水

以宁夏平原区为例,渠系衬砌是该区引黄灌区节水改造最主要的工程措施,当衬砌率由30%提高到60%时,引黄总水量显著减少。由于引黄水量的减少,造成平原区农业、生态耗水量和广义水资源消耗量均减少,区域耗水量和总耗水量均显著减少。同时,由于入渗补给地下水的水量减少,造成地下水位下降,地下水埋深不断加大,进而造成地下水潜水蒸发量、排泄量以及地下水总消耗量都显著减少,从而使区域整体用水效率改变。随着衬砌率的提高,灌溉引水量减少,农田土壤蒸发和植被蒸腾量以及农田消耗总量将减少。

根据不同节水措施,利用水循环模型进行情景分析,模拟得到宁夏平原区灌

溉水有效利用系数与灌溉用水量的关系（图 6.2）、与耗水量的关系（图 6.3）、与灌溉节水量的关系（图 6.4）、与资源节水量的关系（图 6.5）（这里所说的资源节水量是指以蒸发、蒸腾消耗水量的减少作为其节约量）以及灌溉用水量与

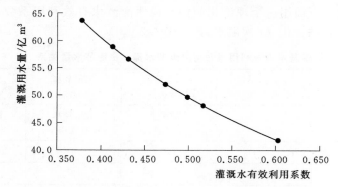

图 6.2　灌溉水有效利用系数与灌溉用水量的关系

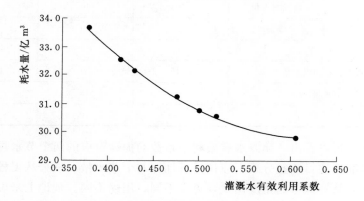

图 6.3　灌溉水有效利用系数与耗水量的关系

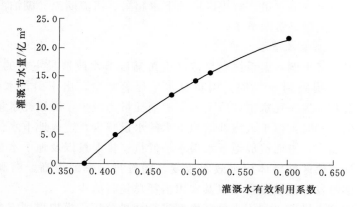

图 6.4　灌溉水有效利用系数与灌溉节水量的关系

耗水量的关系（图 6.6）、灌溉节水量和资源节水量的关系（图 6.7）。从图中可以看出，随着灌溉水有效利用系数的提高，灌溉用水量和耗水量不断减少，且减少幅度越来越小，当用水效率达到极值点时（即灌溉水有效利用系数为 1），灌溉用水量等于耗水量；当灌溉水有效利用系数由现状 0.39 提高 0.05，达到 0.44 的时候，灌溉用水节水量为 3.6 亿 m³，对应的资源耗水节水量约为 0.7 亿 m³。

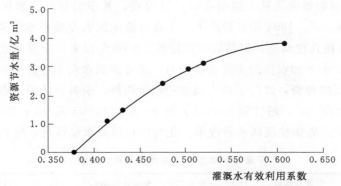

图 6.5　灌溉水有效利用系数与资源节水量的关系

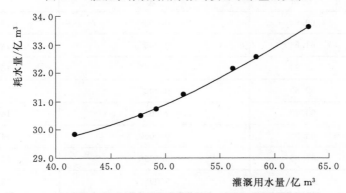

图 6.6　灌溉用水量与耗水量的关系

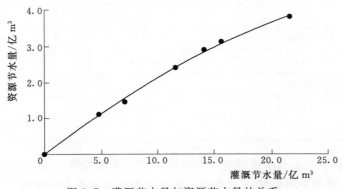

图 6.7　灌溉节水量与资源节水量的关系

6.4 水价变化对灌溉水有效利用系数影响分析

水价作为经济杠杆，对于促进节约用水，提高灌溉管理水平和用水效率具有重要作用。以宁夏青铜峡灌区为例进行分析，灌区先后进行了多次水价调整。1982年由按亩收费改为从干渠引水口计量收费，其中引黄自流灌区农业灌溉水价为0.001元/m³。1994年水价改革，引黄自流灌区农业灌溉水价调整为0.006元/m³。水价虽几次调整，但基数一直较低。2000年以来，宁夏回族自治区既考虑到农业生产水平和农民的实际承受能力，又考虑到水利工程管理单位维持简单供水生产必需的经费，进行了较大幅度的水价调整，引黄自流灌区农业灌溉水价调整为0.012元/m³，超计划30%以上每m³加收0.005元/m³；2005年调整为0.0195元/m³。青铜峡灌区水价改革变化与引黄灌溉水量情况，见表6.3。

表6.3 宁夏青铜峡灌区农业水价及用水资料

年份	引黄总水量 /亿 m³	水价（2005年可比价格） /元	亩均用水量 /mm
1991	60.63	0.0036	1449.5
1992	61.54	0.0035	1459.6
1993	65.94	0.0032	1508.9
1994	62.82	0.0087	1449.1
1995	63.37	0.0072	1423.3
1996	63.90	0.0062	1414.1
1997	67.66	0.0058	1459.7
1998	67.26	0.0057	1388.9
1999	69.12	0.0058	1396.5
2000	62.22	0.0121	1328.0
2001	57.68	0.0117	1263.8
2002	56.64	0.0115	1237.8
2003	44.20	0.0115	917.3
2004	51.84	0.0195	1108.6
2005	53.84	0.0195	1170.5

按照农业用水需求水价弹性计算方法，建立水价与需水量之间的数学模型见式（6.13），模型中参数均通过检验，图6.8为用水量的需求曲线。

$$\ln Q = 6.47 - 0.15 \ln P \qquad (6.13)$$

式中　P——水价，元；

　　　Q——亩均用水量，mm。

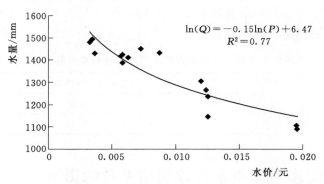

图 6.8　用水量的需求曲线

根据宁夏经济发展水平及宁夏的有关规划，未来青铜峡灌区农业用水价格设定四组方案，分别是 0.0245 元、0.0300 元、0.035 元和 0.0400 元，见表 6.4。实际上，在不同的价格区间，需水价格弹性是变化的，现状农业用水价格为 0.0195 元，而方案中最高价格是 0.0400 元，总体差别不大，价格弹性变化不会很大。利用拟合出的曲线对不同价格水平下的需水进行预测，计算得出不同方案下的需水总量，与现状水量相比得出节水量。结果表明，随着农业水价的提高，用水总量呈减少趋势，单方水价提高到 0.0400 元，农业灌溉用水总量将降低到 58.87 亿 m³，较现状节约 6.9 亿 m³，节水 10.5%，节水效果比较显著，由此可以看出，提高水价也是降低农业灌溉用水的一项重要措施。

表 6.4　　　　　　　　　　　　农业水价调整方案

农业水价调整方案	价格 /(元/m³)	平原区引黄灌溉水量 /亿 m³	相对现状节水量 /m³
现状	0.0195	65.74	0
方案 1	0.0245	63.37	2.4
方案 2	0.0300	61.47	4.3
方案 3	0.0350	60.06	5.7
方案 4	0.0400	58.87	6.9

农业供水水价的提高将抑制农民亩均灌溉用水量，引黄灌溉水量相应将减少，平原区水循环转化过程随之发生改变，总的变化趋势同前面渠系衬砌等相关措施导致引黄灌溉水量减少相似。引黄灌溉水量减少，相应广义水资源消耗量将减少，区域地下水补给与消耗都将发生变化，补给与排泄的动力过程都将减弱，

区域地下水位也会有所下降，地下水排到排水沟的水量以及排水总量将显著减少，同时与农业用水密切相关的区域生态环境用水、生态耗水也呈下降趋势。评价结果表明，由于农业供水水价的变化，引黄水量、渠系和田间渗漏损失将减少，水资源利用率和广义水资源利用率不断提高，方案 4 与现状水价方案相比较，灌溉水有效利用系数提高了 0.033，见表 6.5。

表 6.5　　　　　　　不同水价调整方案青铜峡灌溉水有效利用系数变化

指　标　层	农业水价调整方案				
	现状水价方案	方案 1	方案 2	方案 3	方案 4
灌溉水有效利用系数	0.391	0.405	0.413	0.419	0.424

6.5　渠道防渗对灌溉水有效利用系数的影响分析

6.5.1　渠道防渗对灌溉水有效利用系数的影响

渠道防渗是提高渠系水利用系数的重要措施，两者总体上成正比关系。以山西汾河灌区为例，2006 年该灌区骨干渠系（即干、支两级）防渗比例约为 20%，灌区骨干渠系水利用系数为 0.853，灌区灌溉水有效利用系数为 0.38。汾河灌区作物毛需水总量约为 3.67 亿 m^3。利用灌区分布式渠系渗漏量计算模型，对灌区骨干渠道防渗比例为 30%、50%、80%、100% 等 4 种不同渠系防渗比例情景下的灌区渠系水利用系数、灌区毛取用水量变化进行模拟。模拟结果表明，骨干渠道在 4 种防渗比例下，灌区渠系水利用系数分别为 0.874、0.914、0.937 和 0.976，比现状分别提高 2.6%、7.2%、10.0% 和 14.4%。骨干渠系全部防渗后，灌区灌溉水有效利用系数可达到 0.43，提高 13.2%。骨干渠系 4 种防渗比例下作物灌溉毛取用水量分别约 3.54 亿 m^3、3.39 亿 m^3、3.31 亿 m^3、3.17 亿 m^3，分别比现状条件减少 3.38%、7.61%、9.88%、13.48%。

6.5.2　不同测算方法灌溉水有效利用系数分析

灌溉水有效利用系数随空间尺度的扩大呈现明显的降低趋势。以湖北漳河灌区为例，采用静水法和动水法、首尾测算分析法对不同尺度（环节）灌溉水有效利用系数进行了测算分析，并作了对比研究，研究结果见表 6.6 和图 6.9。不同尺度之间灌溉水有效利用系数递减值见表 6.7。可以看出，3 种方法所得结果在变化趋势上是一致的，即系数在干—支—斗渠段下降最快，说明这一段水量损失最大，是进行渠道防渗的主要环节。首尾法在支渠尺度上的灌溉水有效利用系数明显大于另外两种方法，这是因为首尾法考虑的是灌溉田间的整体用水状况，一定程度上考虑了回归水的利用。这说明在干—支渠段可利用回归水量比较大，是进行衬砌防渗时应该考虑的重要环节。

表 6.6　　　　　　　　不同测算方法灌溉水有效利用系数结果比较

尺　度	总干渠	干渠	支渠	斗渠	农渠	田间
动水法	0.4040	0.4145	0.5040	0.6943	0.8497	0.9655
首尾法	0.4359	0.4389	0.7097	0.7879	0.8897	0.9655
经验公式法	0.4437	0.4808	0.5423	0.7494	0.8287	0.9655

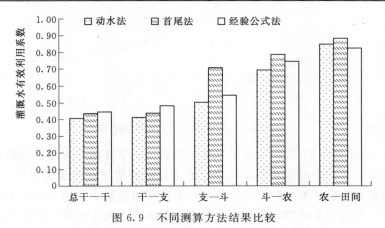

图 6.9　不同测算方法结果比较

表 6.7　　　不同测算方法、不同环节灌溉水有效利用系数递减值比较

测算方法	尺　度　递　减　值				
	总干—干	干—支	支—斗	斗—农	农—田间
动水法	0.0105	0.0895	0.1903	0.1554	0.1158
首尾法	0.003	0.2628	0.0862	0.1018	0.0758
经验公式法	0.0371	0.0615	0.2071	0.0793	0.1368

6.6　灌溉水有效利用系数提高产生的经济与生态效应

灌溉水有效利用系数阈值（参见 7.1 节）评价需要同时考虑不同节水措施的经济效应，满足经济上的可行性；节水的社会效应，体现社会的可接受性；节水的生态与环境效应，体现保持生态与环境系统的健康稳定性。

1. 干旱半干旱区——宁夏青铜峡灌区

渠道衬砌是宁夏平原区大型灌区节水改造最主要的工程措施。通过对不同衬砌率工程的经济效益分析发现，随着衬砌率的提高，工程投资加大，产生的效益也增大，但效益的增加幅度小于投资所增加的幅度，因此其内部收益率随着衬砌率的提高而呈递减趋势。当衬砌率达到 60% 时，投资大于收益，净现值为负，国民经济内部收益率小于 12%，如图 6.10 所示。

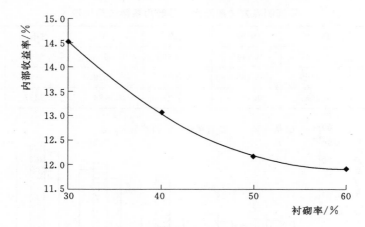

图 6.10　不同衬砌率下的内部收益率

图 6.11 和图 6.12 表示的是干旱半干旱典型区宁夏地下水埋深与植被覆盖度之间的关系。从图中可以看出，随着地下水埋深的增加，植被覆盖度逐渐降低。衬砌率的提高使得外来水源驱动力减弱，水循环通量减少，地下水位下降，潜水蒸发减少，与地下水密切相关的农业和生态系统耗水发生变化。衬砌率的提高对区域生态系统产生不利影响，大面积衬砌的实施使得用以维持生态系统的地下水位逐渐下降，生态面积减少，生态系统服务价值降低。

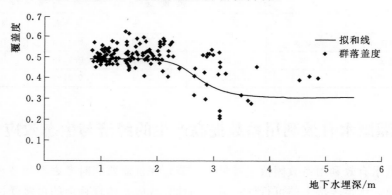

图 6.11　地下水埋深与林地覆盖度关系

因此，在干旱半干旱地区，在节水改造中不能一味追求高灌溉水有效利用系数值，要考虑经济和生态效应问题。在考虑提高此类区域灌溉水有效利用系数时，应同时考虑灌溉用水满足作物需水要求、高产稳定要求和兼顾区域的生态需求。

2. 半湿润区——山东位山灌区

在半湿润地区，节水对生态可能产生的影响主要包括：河湖面积扩大对蒸发

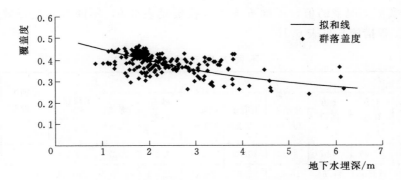

图 6.12 地下水埋深与草地覆盖度关系

的影响、对入海水量的影响、对地下水位的影响。在选定的节水方案下（表6.8），河湖面积扩大使蒸发增加 0.36 亿 m^3，入海水量增加 5.8 亿 m^3，地下水位平均仅下降 26cm，对天然植被直接利用地下水的影响不大；土壤风蚀模数增加 1.15% $[0.014kg/(m^2 \cdot a)]$，属于轻度风蚀的范围 $[0.2\sim2.5kg/(m^2 \cdot a)]$。因此，半湿润地区节水不会对生态造成重大的负面影响。

表 6.8　　　　　　　　　　　选定的节水方案

作物节水	小麦调亏灌溉—20%实施
田间节水	小麦秸秆覆盖玉米提高到 80%＋棉花地膜覆盖 80%
	小麦面积减少 5%，水稻减少 50%
灌区节水	渠系水利用系数提高 0.09
	油菜、大豆、高粱、谷子、花生等作物采用沟畦灌溉
	蔬菜瓜类喷微灌 40%，果树 50%

6.7　改造投入与灌溉水有效利用系数提高的关系

6.7.1　湖北漳河灌区

漳河灌区渠系分布比较复杂，最多有 9 级渠道（总干渠、干渠、支干渠、分干渠、支渠、分渠、斗渠、农渠、毛渠），不同灌溉区域渠系组合方式各异。为计算陈述方便，将渠道分为 3 个环节，即骨干渠道（总干渠、干渠、支干渠、分干渠）、配水渠道（支渠、分渠、斗渠、农渠）、田间渠道，并分情况对不同环节渠道进行一定程度的概化，以概化后的渠道为基础进行分析。

考虑不同的衬砌方案，不同的方案对应着不同的投资，而相应的灌溉水有效利用系数和节水率可看成是投资所对应的效果。以灌区规划设计报告中提供的投资估算为基础，对不同方案的投资进行分析计算。灌溉水有效利用系数现状采用

2008 年实测工况下的值。不同方案工程投资见表 6.9，不同方案投资效益（工程、非工程措施）见表 6.10。

表 6.9　　　　　　　　　　　不同方案工程投资

| 防渗方案 | 工程量 | | | | | | | 工程投资/万元 | 田间工程投资/万元 | 总投资/万元 |
	土方开挖/万 m³	土方回填/万 m³	浆砌石/万 m³	混凝土/万 m³	防渗膜/万 m²	砂石垫层/万 m³	灌浆/万 m³			
现状条件	22.69	5.87	2.29	20.59	29.14	4.13	2.27	29173	0	29173
规划设计	111.05	41.64	10.64	82.85	86.18	22.50	6.00	130134	50000	169456
节灌规范	105.29	29.29	8.31	78.94	87.41	21.24	6.82	119456	53485	183629
全部衬砌	308.64	90.71	23.81	227.88	218.53	67.06	17.04	344063	90000	502875
骨干渠道全部衬砌	158.35	42.19	15.26	115.21	145.68	30.20	11.36	180271	50000	230271
配水渠道全部衬砌	122.49	42.51	13.75	72.80	0	38.10	122.49	117158	50000	167158
田间渠道全部衬砌	30.62	10.63	3.44	18.20	0	9.52	30.62	29290	15000	44290

表 6.10　　　　　　不同方案投资效益（工程、非工程措施）

衬砌方案	灌溉水有效利用系数	总投资/万元	节水率/%
全部不衬砌	0.4304	—	
现状条件	0.4437	29173	0
达到节灌规范标准	0.5564	169456	13.84
达到规划设计标准	0.5638	183629	16.53
全部衬砌	0.7155	502875	30.39
骨干渠道全部衬砌	0.6057	230271	21.40
配水渠道全部衬砌	0.5758	167158	18.35
田间渠道全部衬砌	0.4641	44290	3.52

不同投资与灌溉水有效利用系数和节水率的关系如图 6.13 所示。

由图 6.13 可以看出，灌溉水有效利用系数随投资的增长而增大，但并不是线性增长，即灌溉水有效利用系数增长随投资增加呈凸函数关系。开始时，单位投资对灌溉水有效利用系数增长的贡献较大，随着灌溉水有效利用系数的增大，单位投资对灌溉水有效利用系数增长的贡献降低，最后灌溉水有效利用系数基本平稳，符合经济学中的报酬递减规律。因此可以说明，渠道衬砌率并不是越高越有效，具体的投资决策要综合考虑各方面条件。

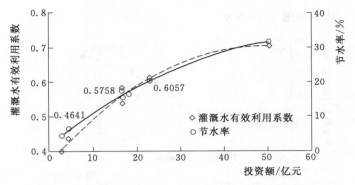

图 6.13 不同投资与灌溉水有效利用系数和节水率的关系

节水率亦随投资的增长而增加，但该凸函数关系曲率比灌溉水有效利用系数随投资变化的凸函数曲率更大，表明后期随投资的增长，虽然灌溉水有效利用系数继续增长，但节水的潜力增长幅度下降。当渠道全部衬砌时，曲线已达到最高点并有下降的趋势，当投资到达一定规模后（约 35 亿元）再增加投资，灌溉水有效利用系数虽有所增加，但增加的潜力较小。这也说明，从区域水资源利用和工程经济角度来评价，投资达到一定规模后，再增加投资意义不大。

在图 6.13 中，用数字标志的点是不同级别输水渠道分别全部衬砌时的灌溉水有效利用系数值（对应于表 6.10 中第 1 列的最后 3 行）。当不同级别渠道分别衬砌时，渠道级别越高，单位投资对提高灌溉水有效利用系数的贡献也越大；但3 种情况所得灌溉水有效利用系数均位于趋势线以下，说明单独对某一级别渠道进行衬砌效果没有各级别渠道均衡衬砌的节水效果好。

6.7.2 浙江铜山源灌区

铜山源灌区从 1998 年开始灌区续建配套与节水改造，不同年度（前 5 期）项目投资和骨干工程情况见表 6.11。

表 6.11　　　　　　骨干渠道配套投资与配套节水改造长度

工 程 期	一期	二期		三期			四期		五期	
年 度	1998	2000	2002	2003	2004	2005	2006	2007	2008	2009
年度配套长度/km	41.34	23.01	18.06	9.3	8.47	24.46	7.44	13.9	12.8	14
合计长度/km	41.34	41.07		42.23			21.34		26.8	
投资/万元	1979	1501.9	1506.8	751.1	750.5	1502.5	756.7	1805.1	1500	1440.8
合计投资/万元	1979	3008.7		3004.1			2561.8		2940.8	
累计配套长度/km	41.34	82.41		124.64			145.98		172.78	
累计投资/万元	1979	3480.9		4232			4988.7		6488.7	

根据干支渠衬砌长度与投资的对应关系，可进行渠系衬砌长度和工程投资增

长趋势拟合，结果如图 6.14 所示。

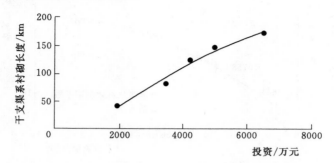

图 6.14　不同干支渠衬砌长度与工程投资的相关曲线

根据拟合结果，以上投资趋势性曲线的表达式为

$$Y = 0.0872X^2 + 13.174X + 1427 \tag{6.14}$$

式中　Y——工程投资，万元；

　　　X——干支渠的衬砌长度，km。

该拟合曲线符合抛物线形式。

从干支渠不同衬砌率与灌溉水有效利用系数之间的规律，结合上式可对工程投资与灌溉水有效利用系数提高的关系进行预测分析。根据预测结果，不同灌溉水有效利用系数情况下的工程投资关系见表 6.12。

表 6.12　　　　　　　不同灌溉水有效利用系数情况下的工程投资关系

方式	情景	衬砌比		总衬砌比	灌溉水有效利用系数	节水改造投资/万元
		干渠	支渠			
工程衬砌	情景 1	1	0.5	0.60	0.482	7763
	情景 2	1	0.6	0.68	0.498	9187
	情景 3	1	0.7	0.76	0.509	10745
	情景 4	1	0.745	0.79	0.512	11487
	情景 5	1	0.9	0.92	0.523	14265
	情景 6	1	1	1.00	0.531	16227
衬砌加管理	情景 1	1	0.5	0.60	0.547	7763
	情景 2	1	0.6	0.68	0.564	9187
	情景 3	1	0.7	0.76	0.576	10745
	情景 4	1	0.745	0.79	0.579	11487
	情景 5	1	0.9	0.92	0.592	14265
	情景 6	1	1	1.00	0.600	16227

铜山源灌区工程投资与灌溉水有效利用系数增长预测曲线如图 6.15 所示。

从曲线趋势来看，随着灌溉水有效利用系数的增长，提高灌溉水有效利用系

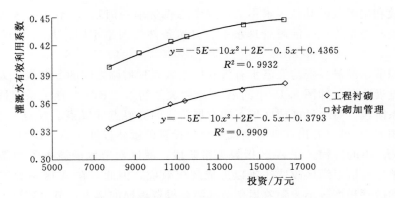

图 6.15 灌溉水有效利用系数增长与节水投资关系

数的单位投资逐渐增大。

6.7.3 节水灌溉投入与灌溉水有效利用系数提高的关系

节水灌溉投资是提高灌溉水有效利用系数的重要影响因素。近年来，国家高度重视农业灌溉节水，节水灌溉投资渠道增多，但这些投资涉及水利、农业、国土、财政、发改委等部门，不易准确统计。为探讨全国宏观尺度上节水灌溉投资与灌溉水有效利用系数之间关系，结合实际情况，通过各省（自治区、直辖市）每年新增节水灌溉工程面积以及灌区和小型农田水利工程节水改造投入估算节水灌溉投资，进而初步分析灌溉水有效利用系数与节水灌溉投资关系。

目前，对灌溉水有效利用系数与节水灌溉投资之间的关系缺少相关研究，还较难得到定量的模型支持，仅从定性上对其之间的相关关系进行分析。

理论上，累积节水灌溉投资与灌溉水有效利用系数累积增幅之间相关关系应呈 S 曲线，如图 6.16 所示。每个灌区或区域的灌溉水有效利用系数受灌区规模与类型构成、自然条件等方面的限制，有特定的阈值 K，且 $K \leqslant 1$（假定影响灌

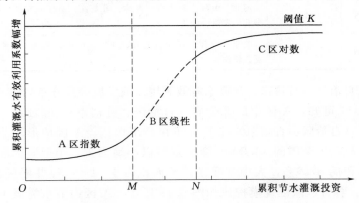

图 6.16 累积节水灌溉投资与累积系数增幅相关关系示意图

溉水有效利用系数的其他因素不变，仅考虑投资单一因素）。不同灌区或区域因灌区规模与类型构成、灌溉管理水平、自然条件等因素不同，其阈值 K 也不尽相同。

累积节水灌溉投资与灌溉水有效利用系数累积增幅之间的 S 曲线，大致可分为 3 个发展阶段，即图 6.16 中的 A 区指数关系阶段、B 区线性关系阶段、C 区对数关系阶段。每个灌区或区域不同发展阶段的分界点（M 点、N 点）不同。

由图 6.16 可以看出，系数增幅对单位投资的敏感程度在 A、B、C 3 个阶段是从小-大-小的过程。在 A 区指数关系阶段，灌区对节水灌溉投资的需求缺口较大，单位投资对灌区改造还难以形成规模效应，因此，在 A 区系数增幅对单位投资的敏感程度较小。随着累积节水灌溉投资规模的增大，节水灌溉工程逐渐发展连片，规模效应逐渐体现，单位投资对系数提高的贡献越来越大。在 B 区线性关系阶段，单位投资对系数的提高影响最大，系数增幅对单位投资的敏感程度也最大。在 C 区对数关系阶段，随着灌溉水有效利用系数越来越接近阈值，系数增幅对单位投资的敏感程度越来越小，单位投资的边际效应也越来越小。

对 2007 年以来 31 个省（自治区、直辖市）灌溉水有效利用系数累积增幅与 2006 年以来累积节水灌溉投资相关关系进行分析，江西、广东等 8 个省（自治区、直辖市）的系数累积增幅与累积节水灌溉投资呈指数关系，河北、山西等 12 个省（自治区）的系数累积增幅与累积节水灌溉投资呈线性关系，北京、天津等 11 个省（自治区、直辖市）的系数累积增幅与累积节水灌溉投资呈对数关系，详见表 6.13。

表 6.13　　　　　　各省系数累积增幅与累积节水灌溉投资相关关系

分区	线型	省（自治区、直辖市）数量	省（自治区、直辖市）
A 区	指数	8	江西、广东、广西、重庆、贵州、云南、西藏、青海
B 区	线性	12	河北、山西、内蒙古、吉林、黑龙江、浙江、安徽、福建、河南、湖北、湖南、四川
C 区	对数	11	北京、天津、辽宁、上海、江苏、山东、海南、陕西、甘肃、宁夏、新疆

各省（自治区、直辖市）灌溉水有效利用系数发展阶段分布如图 6.17 所示。

由图 6.17 可知，A 区中的 8 个省（自治区、直辖市），除江西、广东两省外，其他省（自治区、直辖市）主要分布在西南地区。A 区地形多为山地、丘陵，灌溉面积仅占全国的 14.2%。灌区规模以小型为主，小型灌区灌溉面积占 A 区灌溉面积的 57.6%，大中型灌区灌溉面积占 42.1%，纯井灌区极少分布，仅占 0.3%，各分区灌区规模构成如图 6.18 所示。A 区内节水灌溉工程面积占比 28.7%，且以渠道防渗为主（72.4%），节水灌溉工程发展相对滞后，节水灌

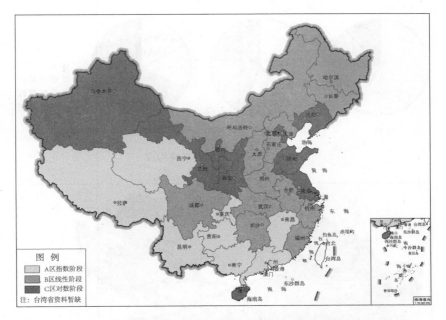

图 6.17　各省（自治区、直辖市）灌溉水有效利用系数发展阶段分布图

溉发展潜力较大。

　　B 区中的 12 个省（自治区），除浙江、福建、四川等 3 省外，其他省（自治区）主要分布在华北、华中、东北地区。B 区是我国灌溉面积的主要分布区，集中了全国 13 个粮食主产区中的 10 个粮食主产区，区内灌溉条件较好，灌溉面积占全国的 54.6％。灌区规模以纯井灌区为主，纯井灌区灌溉面积占 B 区灌溉面积的 39.6％，大型、中型、小型灌区均衡发展，分别占 B 区灌溉面积的 22.5％、21.3％、16.6％，灌区规模构成见图 6.16。近年 B 区节水灌溉工程发展较快，区内节水灌溉工程面积占比达到 45.1％。

　　C 区中的 11 个省（自治区、直辖市），主要分布在西北地区和东部沿海地区，北京、上海、天津、江苏、山东、辽宁、海南等 7 个省（直辖市）经济条件相对较好，节水灌溉发展工程配套较为完善。陕西、甘肃、宁夏及新疆等 4 个省（自治区）地处西北干旱地区，受自然条件限制，区内多为灌溉农业，节水灌溉发展水平较高。C 区灌溉面积占全国的 31.2％，灌区规模以大型灌区为主，大型灌区灌溉面积占 C 区灌溉面积的 42.7％，灌区规模构成如图 6.18 所示。C 区节水灌溉工程面积占比 55.7％，且节水灌溉面积中喷灌、微灌占比较大（27.3％），灌溉用水效率已处于较高水平，灌溉水有效利用系数与阈值差值较小，节水灌溉发展潜力有限。

　　各省（自治区、直辖市）节水灌溉工程发展阶段不同，区内灌溉规模与类型

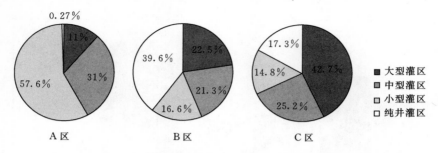

图 6.18 各分区灌区规模构成

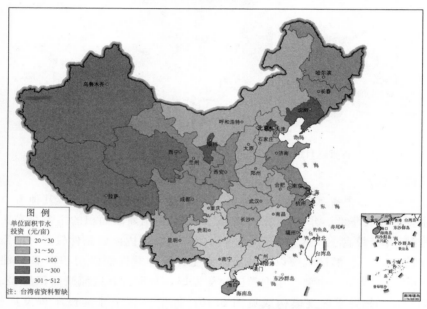

图 6.19 各省（自治区、直辖市）单位系数增幅（0.01）对单位面积
节水灌溉投资的需求分布

构成不同，单位系数增幅对节水灌溉投资的需求也不同。根据分析，各省（自治区、直辖市）单位系数增幅（0.01）对单位面积节水灌溉投资的需求分布如图6.19所示。

如图6.19所示，北京、上海、天津3个直辖市因经济条件好，节水灌溉发展程度较高，灌溉水有效利用系数均已达到0.7左右，进一步提升潜力有限，单位系数增幅对单位面积节水灌溉投资的需求较大。

辽宁、吉林、黑龙江东北3省灌区以纯井灌区为主，喷灌、微灌灌溉面积占比较高，灌溉水利用率相对较高，灌溉水有效利用系数提升的潜力有限，单位系数增幅对单位面积节水灌溉投资的需求较大。

宁夏、新疆、陕西和甘肃 4 省（自治区）地处西北干旱半干旱地区，节水灌溉发展水平较高，节水灌溉工程面积占比均在 60％以上，灌溉用水效率已达到较高水平，进一步提升潜力有限。且上述 4 省（自治区）灌区规模以大型灌区为主，大型灌区灌溉面积占比均在 50％以上，大型灌区渠道级别较多，灌水管理复杂，随着大型灌区续建配套与节水改造工程的实施完成，进一步提高灌溉用水效率的难度较大，单位系数增幅对单位面积节水灌溉投资的需求也较大。

　　山东、江苏、福建和浙江 4 省经济条件相对较好，节水灌溉工程配套较为完善，节水灌溉发展水平较高，单位系数增幅对单位面积节水灌溉投资的需求也较大。

　　西藏和青海两省（自治区）单位系数增幅对单位面积节水灌溉投资的需求较大，主要是因为该地区地处青藏高原，交通不便，发展节水灌溉工程亩均成本较高。

　　贵州、广西、广东、重庆、江西等省（自治区、直辖市）灌区规模以小型灌区为主，单位系数增幅对单位面积节水灌溉投资的需求较小，灌溉水有效利用系数进一步提高相对比较容易实现。

　　全国灌溉水有效利用系数 2007 年以来累积增幅与 2006 年以来累积节水灌溉投资相关分析如图 6.20 所示。

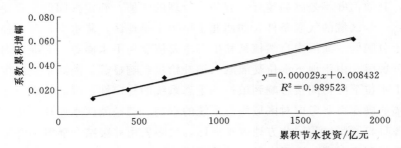

$$y = 0.000029x + 0.008432$$
$$R^2 = 0.989523$$

图 6.20　全国累积节水灌溉投资与灌溉水有效利用系数累积增幅关系

　　全国灌溉水有效利用系数累积增幅与累积节水灌溉投资线性相关明显（$R^2 = 0.9895$）。相当于现阶段全国节水灌溉累积投资增加 400 亿元左右，灌溉水有效利用系数提高 0.01。

　　由于节水灌溉投资涉及水利、农业、国土、财政等部门，不易准确统计，上述分析仅是针对节水灌溉投资与灌溉水有效利用系数相关关系的初步探讨。随着我国农业节水力度加大，区域规模化高效节水灌溉不断发展，节水灌溉工程设施配套逐渐完善，灌水管理水平不断提高，单位灌溉水有效利用系数增幅所需要的节水灌溉投入将逐渐增大。

第7章 灌溉水有效利用系数
阈值初步分析

7.1 灌溉水有效利用系数阈值的内涵

目前，灌溉水有效利用系数阈值并没有统一的定义，不同学者对其有不同的认识，但其基本含义和核心思想是一致的，即采取可能的社会、经济和技术等措施，在保持区域（或灌区）生态稳定和经济社会可持续发展的前提下，灌溉水有效利用系数可能达到的最大值。

通过采取工程、农业和管理等综合节水技术措施可以提高灌溉水有效利用系数，单从用水效率角度出发，其值越高越好，但如果考虑到技术经济、生态健康等因素，其数值并不是越高越好，有一个合理的阈值，确定其阈值主要受以下因素影响：一是区域的气候条件。如西北干旱半干旱地区，降水少，蒸发强烈，生态环境十分脆弱。灌区内自然植被和生态主要依靠地下水涵养，对灌区内地下水埋深十分敏感。由于地下水位受灌溉入渗补给量影响显著，灌溉水量减少将引起灌区地下水位下降，间接影响到植被和生态系统的稳定性。因此，灌溉水有效利用系数阈值确定需要考虑对区域生态系统的影响。二是灌区水循环转化。如由于灌溉水源日趋紧张，我国北方地表水灌区，大多采用井渠结合灌溉。井渠结合特点是能重复利用渠灌的渗漏水量，调控灌区地下水位，又可防止灌区内涝和土壤次生盐碱化，维护灌区生态平衡，提高灌溉保证率。在井渠结合灌区，渠道渗漏水量、田间深层渗漏水量以及灌溉尾水是当地地下水的重要补给来源，如果过度采取渠道防渗、管道输水及其他节水措施，就会改变灌区地表、地下水的循环转化关系，减少地下水补给量，进而导致与地下水位下降，在降水资源短缺的干旱半干旱地区，生态系统与地下水密切相关，地下水位下降到一定程度，就会影响生态系统水分利用，进而引发不良的生态和环境问题。三是技术经济可行性制约。发展节水灌溉需要资金投入，但资金投入与灌溉水有效利用系数提高并不是简单的线性关系（参见 6.7.3 小节）。以宁夏青铜峡灌区为例，渠道衬砌是灌区主要节水工程措施，相关研究表明，随着衬砌率的提高，工程投资加大，产生的效益也增大，但效益的增加幅度小于投资所增加的幅度，因此其内部收益率随着衬砌率的提高而呈递减趋势。如前述图 6.9 表明，当衬砌率大于 60％时，投资大于收益，净现值为负，国民经济内部收益率小于 12％，经济上趋于不合理。因此，在确定灌区灌溉水有效利用系数阈值时需要考虑工程经济效益的可行性。

7.2 灌区灌溉水有效利用系数阈值确定方法

7.2.1 分析方法

提高灌区水资源利用效率的农业节水措施从技术角度考虑可分为工程节水、农艺节水、生理节水和管理节水等 4 个方面。不同节水措施的实施是对水资源进行重新分配的过程，必然会打破原有水资源分布体系，重塑区域水循环过程，引水量、用水量、耗水量、排水量会发生改变，与水循环伴生的经济、社会、生态与环境等过程也随之变化。因此，灌溉水有效利用系数阈值分析需要研究灌区的耗水节水潜力及其与取用水节水潜力的定量关系；同时要考虑不同节水措施的经济效应，满足经济上的可行性、节水的社会效应、体现社会的可接受性，节水的生态与环境效应、保持生态与环境系统的健康稳定性。

灌区灌溉水有效利用系数阈值分析步骤：①进行区域所有节水措施方案的评价分析，设定可能的节水方案集合；②预测每个方案的区域经济社会、生态与环境需水，进行广义水资源配置；③模拟水循环转化过程，研究区域农业节水措施实施引起的水循环转化和耗用水规律，分析其产生的灌区灌溉水有效利用系数变化及对经济、社会、生态、环境响应；④对不同节水措施的节水效应进行综合评价，寻求经济技术合理、生态环境健康、水资源利用高效的农业节水最优方案；⑤最优水资源高效利用方案下所对应的灌溉水有效利用系数即为灌区灌溉水有效利用系数的阈值。

灌区灌溉水有效利用系数阈值分析技术路线如图 7.1 所示。

图 7.1 中所说的广义水资源，是指通过天然循环不断补充和更新，对人工系统和天然系统具有效用的一次性淡水资源，其来源于降水，赋存形式为地表水、土壤水和地下水。与传统水资源含义不同之处在于把土壤水或所谓无效和有效降水量都认定为水资源。

7.2.2 分析评价模型

水资源配置和水循环模型（Water resources Allocation and Cycle Model，WACM），主要用来研究人类活动频繁地区水的分配与循环转化规律，及其伴生的物质、能量过程，为区域水资源配置、自然-人工复合水循环模拟、水资源高效利用评价与调控、农业节水等提供模拟分析手段。WACM 模型结构如图 7.2 所示。

WACM 模型包括自然-人工复合水循环模拟、水资源合理配置模拟等 2 个核

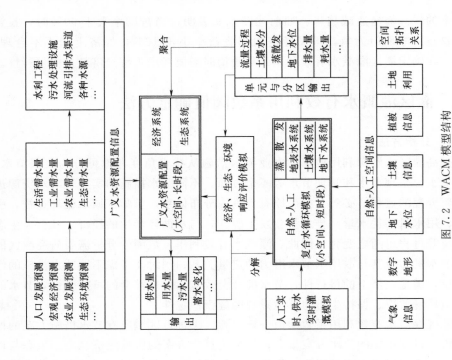

图 7.2　WACM 模型结构

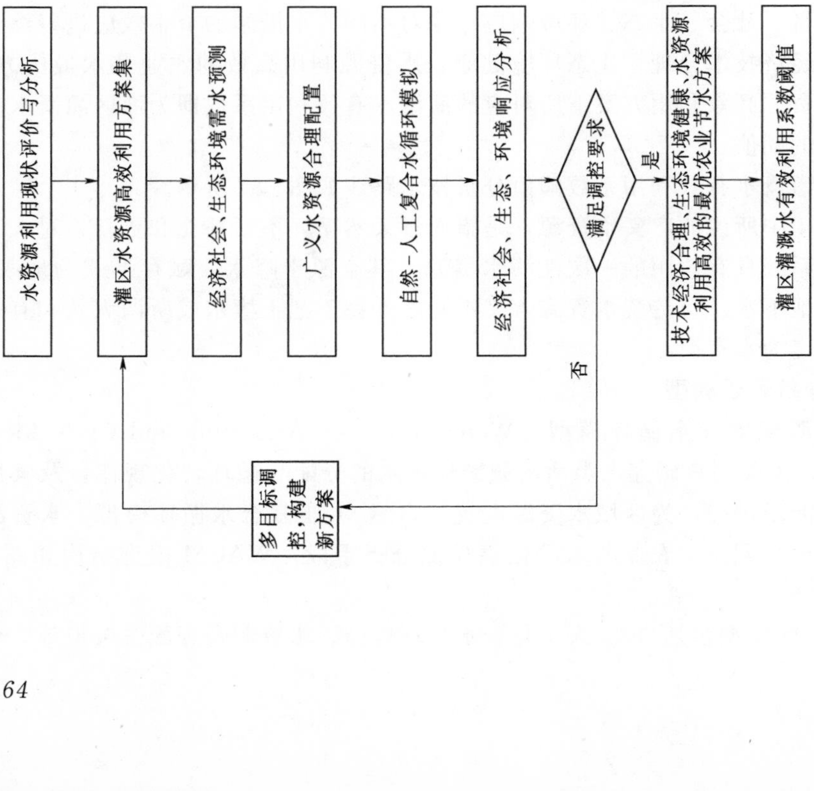

图 7.1　灌区灌溉水有效利用系数阈值分析技术路线

心模块，以及植被生长模拟和土壤侵蚀模拟等 2 个新模块，可反映"降水-作物水-地表水-土壤水-地下水"五水之间的循环转换规律、"降水-地表水-土壤水-地下水-植被-侵蚀"之间的相互关系，为开展灌区灌溉水有效利用系数分析评价提供有利工具。改进后 WACM 模型结构如图 7.3 所示。降水-地表水-土壤水-地下水-植被-侵蚀关系如图 7.4 所示。

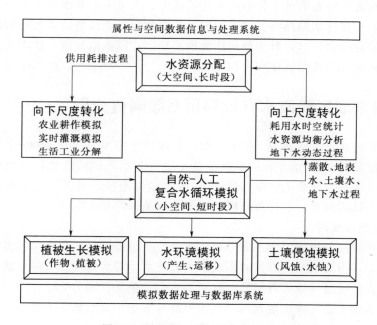

图 7.3 改进后 WACM 模型结构

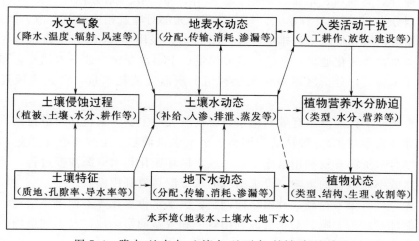

图 7.4 降水-地表水-土壤水-地下水-植被-侵蚀关系

对于以人工灌溉-蒸散消耗-回归为主的平原区，进行水循环计算单元的划分必须充分考虑到人工干扰条件下水循环路径的完整性，以人工引水和排水渠道作为划分计算单元的基础。在系统模拟自然水循环过程的基础上，建模时应重点模拟区域内各种土地利用下的蒸发过程、引水灌溉的日尺度水量分配过程、土壤水和地下水循环过程，并考虑人工的灌溉工程、灌溉用水制度、种植结构、灌溉面积、人工对天然生态的补水、引排水沟的深度、人工生态系统对天然生态系统的补给等因素，保持水循环各要素之间以及各要素与人类经济活动之间的协调和平衡，逐时段连续演算；以日为单位作为模型输出，以蒸散发量、排水量、土壤水和地下水状态作为模型验证和模拟结果。

7.3 典型灌区灌溉水有效利用系数阈值分析

利用上述评价方法和 WACM 模型，对我国干旱半干旱典型区-宁夏青铜峡灌区、半湿润典型区-山东位山灌区灌溉水有效利用系数阈值进行了初步评价分析；同时采用系数连乘法对湿润典型区-湖北漳河灌区、浙江铜山源灌区灌溉水有效利用系数阈值进行了评价分析。以下分别予以简要介绍。

7.3.1 青铜峡灌区

青铜峡灌区下垫面因素（地形、土壤类型、植被覆盖）和气象因素的空间变异非常明显，为反映这些因素的影响以及人类活动对水循环过程的干扰，根据引水干渠覆盖的灌溉区域进行划分，得到 293 个子单元（图 7.5）。

在此基础上以 9 种土地利用（引水渠道、农田、天然林、天然草、灌木、未利用地、居工地、湖泊湿地、排水渠道）和 9 种作物（小麦、水稻、玉米单种、玉米套种、豆类油料、瓜菜、枸杞、经果林、草）作为划分标准（图 7.6），将平原区划分为 5732 个计算单元。每个计算单元都对应着相应的县（市、区）、引水干渠灌溉区域和排水干沟排水区域（图 7.7）。采用 WACM 模型模拟每种土地利用下的水循环转化通量，并进行蒸散发量、土壤水变化、地下水位变化和地表排水沟排水验证，分析区域每种土地利用下蒸散发消耗水量，得到区域真实耗水量。

对青铜峡灌区灌溉水有效利用系数影响较大的主要因素包括渠道衬砌（干支渠衬砌和斗农渠衬砌）、种植结构调整、供水水价调整、土地平整等措施，分析单项及综合水资源开发利用措施下，区域水循环变化和水资源演变过程，及其对区域用水效率和效益的影响，寻求适宜的水资源高效利用模式。

首先，进行渠系衬砌、种植结构调整、供水水价变化等不同单项措施，对平原区水循环过程的影响、对水资源利用效率和效益的影响，以及不同措施的耗水和取水节水效果分析。

图 7.5 水循环单元剖分

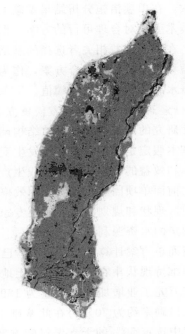

图 7.6 2005 年宁夏平原区土地利用

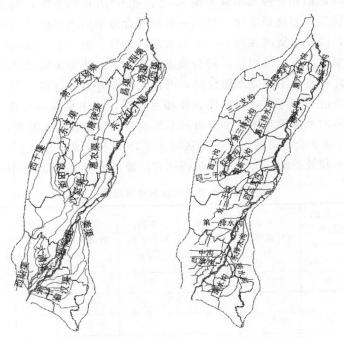

图 7.7 青铜峡灌区引水渠系和排水渠系

其次，在单项措施分析结果基础上进行合理组合，通过专家知识判断，选择经济和技术上相对合理可行的方案，形成综合方案集。通过对不同综合方案的模拟分析，在多个利益相关者选择的基础上，优选并推荐经济和技术上合理、兼顾不同利益相关者权益的综合方案，作为平原灌区水资源高效利用方案，从而得出灌区灌溉水有效利用系数的阈值。

7.3.1.1　灌溉水有效利用系数阈值方案选择

前面研究的渠系衬砌、种植结构调整、水价改革等方案都是单方案的研究分析，其基本假定是其他因素都不发生变化，仅仅考虑单因素改变对平原区水资源利用效率和效益的影响，而在实践生产中，这种假定情况几乎是不可能存在的。因此，在前面单项因素水资源利用效率分析基础上，将综合前面单项因素，结合青铜峡灌区现状和规划情况，通过专家决策分析，构成水资源高效利用方案集，进行方案集的水资源利用效率分析。

在前面单方案计算分析过程中，已经形成了一套经济合理、生态良好的组合方案，即维持现状斗农渠衬砌率、土地平整程度不变，首先进行工业节水方案计算，选定万元工业增加值用水量为 $139m^3$ 的工业节水改造方案。现状青铜峡灌区干支渠衬砌率约为 20%，在此基础上进行不同干支渠衬砌率的计算分析，在几个方案中选定 50% 的干支渠衬砌方案，而后做作物种植结构调整方案分析模拟，再选定将水稻和套种面积减少到 55 万亩和 60 万亩的方案，继而模拟可能的农业供水水价和生态格局变化，得到一系列综合方案措施下的区域水资源和水循环演变规律，以及水资源在经济、生态系统的运移、消耗和贡献过程。

若将各单项方案交叉组合，则会形成海量方案，使得决策者难以评判方案的合理性，因此在进行不同方案组合时，可首先对各方案进行初步筛选，得到初始方案集，然后进一步考虑方案的代表性和可行性，从中剔除不合理的组合方案。根据单项措施的水资源利用效率分析和专家决策，初步提出了 9 套可行方案，见表 7.1。研究这 9 套水资源方案下的区域水循环和水资源效率过程，通过区域水资源利用效率和效益的综合权衡，选择适宜的灌区水资源高效利用模式。

表 7.1　　　　　　　　　　灌区水资源高效利用方案集

措施方案	万元工业增加值用水定额/(m³/万元)	干支渠衬砌率/%	斗农渠衬砌率/%	水稻种植面积/万亩	套种种植面积/万亩	农业供水水价/(元/m³)	高精度土地平整较现状提高程度/%
方案 1	139	25	20	55	60	0.035	30
方案 2	139	30	10	55	60	0.040	30
方案 3	139	30	15	65	80	0.030	30
方案 4	139	30	20	55	60	0.040	50

续表

措施方案	万元工业增加值用水定额/(m³/万元)	干支渠衬砌率/%	斗农渠衬砌率/%	水稻种植面积/万亩	套种种植面积/万亩	农业供水水价/(元/m³)	高精度土地平整较现状提高程度/%
方案5	139	35	15	65	80	0.035	30
方案6	139	35	20	55	60	0.035	50
方案7	139	40	10	55	60	0.030	30
方案8	139	40	15	65	80	0.040	30
方案9	139	40	20	55	60	0.030	50

在初步形成的9套方案中，方案1、方案4、方案6和方案9比较接近，其共同特点是除干支渠衬砌率不同、土地利用平整程度不同和农业供水水价不同外，其余措施基本一致，因此将方案1、方案4、方案6和方案9视为一组可比方案，在该方案下，干支渠衬砌率分别从25%提高到40%，农业供水水价从0.03元/m³提高到0.04元/m³；同理，方案3、方案5、方案8为一组可比方案，干支渠衬砌率由30%提高到40%，农业供水水价从0.03元/m³提高到0.04元/m³，其他措施保持不变。方案2和方案7为一组可比方案，干支渠衬砌率由30%提高到40%，其他措施保持不变。方案9与方案7相比，斗农渠衬砌率及其田间平整力度都增强，因而其节水力度较大，可将方案2、方案7和方案9视为一组可比方案。

7.3.1.2 综合措施对灌溉水有效利用系数影响分析

模拟结果表明，随着节水力度的提高，三组方案引黄水量均逐渐减小，田间入渗水量也减小，地下水总补给量减少，地下水位降低，潜水蒸发减小。在总排水量中，由于灌溉引水减少，农业排水减少，地下水位的下降使得地下水侧排水量也减少，排水沟总水量减少。平原区农业、生态消耗黄河水量和广义水资源消耗量均逐渐减小。综合方案的青铜峡灌区灌溉水有效利用系数变化见表7.2和图7.8。随着节水力度的增强，区域农业水资源利用率不断提高，节水力度最强方案9的灌溉水有效利用系数为0.491。

表7.2 综合方案的青铜峡灌区灌溉水有效利用系数变化

分　项	组合方案1				组合方案2			组合方案3		
	方案1	方案4	方案6	方案9	方案3	方案5	方案8	方案2	方案7	方案9
灌溉水有效利用系数	0.465	0.473	0.481	0.491	0.451	0.456	0.462	0.462	0.469	0.491

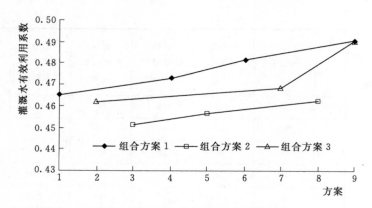

图 7.8　灌溉水有效利用系数变化

7.3.1.3　经济效益分析

1. 工程效益分析

由表 7.3 可知，设置的所有综合方案内部收益率均大于 12%，即工程经济效益分析均合理。内部收益率整体趋势随着节水力度的增加而减小，组合方案 1 中，方案 1 与方案 4 相比，除了衬砌率发生变化，土地平整也发生变化，相对而言，土地平整投资小，收益高，因此方案 1 内部收益率较方案 4 内部收益率小；同理，在组合方案 3 中，方案 9 较方案 7 的内部收益率大。

表 7.3　　　　　　　　　综合方案的水资源利用效益变化

要素层		指标层	组合方案 1				组合方案 2			组合方案 3		
			方案 1	方案 4	方案 6	方案 9	方案 3	方案 5	方案 8	方案 2	方案 7	方案 9
工程		内部收益率 /%	13.28	13.81	13.36	12.99	12.18	12.14	12.02	12.75	12.30	12.99
宏观	部门	农业增加值 /亿元	85.90	88.56	90.21	91.86	85.94	87.59	89.24	86.73	90.03	91.86
		单方耗水 农业增加值 /(元/m³)	2.52	2.63	2.70	2.76	2.45	2.52	2.57	2.53	2.66	2.76
	区域	单方耗水 GDP /(元/m³)	22.83	23.19	23.40	23.55	22.29	22.48	22.63	22.81	23.13	23.55

2. 宏观效益分析

随着工业和农业节水投资力度均增加，工业新技术和经济结构调整力度加大，带动工业生产发展和工业增加值增加，工业所需农业提供的农产品也随之进一步增加，为发展农业生产，增加产量创造了有利条件；农业各种节水措施的实施在提高农业经济量和劳动者收入的同时，也必然需要相应工业产品投入的增加，带动工业生产，工业生产规模扩大，工业增加值增加，而工业的发展又反过来带动农业的发展，两者彼此联系，互相促进，最后带动整个区域经济系统的协调发展，单方耗水 GDP 增加，如图 7.9 所示。节水措施实施后，随着节水力度的增强，农业耗水减小，单方耗水农业增加值呈上升趋势。

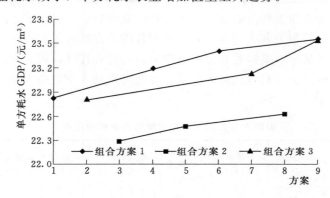

图 7.9 综合方案的区域用水效益

3. 灌溉水有效利用系数阈值方案选择

灌溉水有效利用系数的阈值方案是在保持区域生态系统健康良好和社会经济稳定发展的前提下，寻求微观经济合理、宏观经济最高的方案。由于地理位置的特殊性，青铜峡灌区耗水受到严格限制，水资源高效利用的目标为在保证生态系统良好的基础上，以有限的水资源消耗获得最大的宏观区域经济效益，即区域单方耗水农业增加值最大。

通过以上不同综合水资源利用方式下灌区用水效率和效益分析可知，尽管方案 9 单方耗水 GDP 最大，但是由于其属于高强度节水方案，天然生态面积减少，生态系统服务价值很低，整个生态处于不良状态；在剩余其他方案下的工程经济效益合理，且生态良好，因此只需从其中挑选出单方耗水农业增加值最大的方案作为水资源高效利用方案，因此方案 6 应为所选方案。

实际上，由于水资源高效利用涉及多个用水部门，因此对高效利用方案的选择不可避免涉及诸多利益相关者。在对方案的选取过程中，由于各利益相关者对方案可能关注的方向和程度不同，选择的方案并不一样。灌溉水有效利用系数阈值方案的确定属于多目标决策问题，应遵循多目标决策过程。现实中，需兼顾技术能力、群众意愿、工程条件等其他因素进行方案选择，从水资源规划角度，认为方案 6 为所选方案；但是考虑到不同部门、不同行业等看法的不同，应该有多个可选择方案。如从生态学专家的角度，可选择方案 8 作为水资源高效利用方案，在该方案下，区域工程经济合理，宏观经济虽不是最佳，但也良好，生态系统服务价值较高。再如从灌区节水改造角度出发，可以选择方案 4 作为水资源高效利用方案，在该方案下，生态良好，宏观经济效益也较高，工程经济效益最高。本研究在对水资源高效利用方案的选择中，推荐选择方案 6 作为优选方案，其次是方案 4。

应说明的是，上述方案的选择是在不追求过高的用水效率和效益的条件下，选择最符合决策者相关利益的方案，选择方法直接简单，但是缺乏定量的数据支撑，无法反映利益相关者决策的偏好程度和各综合方案的优劣排序。因此，为更科学合理地说明某个方案针对某类决策者利益的符合程度，可采用前述的加权选择法和层次分析法进行利益相关者决策，以此可得到 8 个备选方案，各方案的评价指标见表 7.4。

表 7.4　　　　　　　　　灌溉水有效利用系数的阈值方案评价指标

方案	内部收益率/%	单方耗水GDP/(元/m³)	现状灌溉水有效利用系数	区域广义水资源利用率/%	农业灌溉水价/(元/m³)	耗水节水量/亿 m³	区域生态服务价值/亿元	地下水位相对现状下降幅度/cm
1	13.28	22.83	0.465	70.2	0.035	2.74	63.48	31.35
2	12.75	22.81	0.462	69.9	0.04	2.58	63.58	27.59
3	12.18	22.29	0.451	68.9	0.03	1.77	63.99	23.85
4	13.81	23.19	0.473	71.2	0.03	3.31	63.16	45.10
5	12.14	22.48	0.456	69.5	0.035	2.03	63.85	33.19
6	13.36	23.4	0.481	72.2	0.035	3.58	63.04	52.84
7	12.30	23.13	0.469	70.7	0.03	3.05	63.40	37.31
8	12.02	22.63	0.462	70.1	0.035	2.32	63.72	40.61

根据评分函数构造方法及利益相关者意愿要求，得到各评价指标值的构造评分函数值见表 7.5。

表 7.5　　　　　　灌溉水有效利用系数的阈值方案评价指标评分函数值

方案	内部收益率/%	单方耗水GDP/(元/m³)	现状灌溉水有效利用系数	区域广义水资源利用率/%	农业灌溉水价/(元/m³)	耗水节水量/亿/m³	区域生态服务价值/亿元	地下水位相对现状下降幅度/cm
1	71	49	47	40	51	54	47	74
2	41	47	37	31	1	45	57	87
3	10	1	1	1	100	1	100	100
4	100	81	74	70	100	85	14	27

续表

方案	内部收益率	单方耗水GDP	现状灌溉水有效利用系数	区域广义水资源利用率	农业灌溉水价	耗水节水量	区域生态服务价值	地下水位相对现状下降幅度
5	8	18	18	19	51	15	85	68
6	75	100	100	100	51	100	1	1
7	16	76	60	55	100	71	39	54
8	1	31	37	37	51	31	72	43

在评估目标权重时，根据宁夏具体情况，选择若干位不同领域的利益相关者作为决策人员，包括中央政府官员、地方官员、灌区管理人员、农民、生态学专家、水资源学专家、农业灌溉专家等，各评判人员根据自己的知识、经验和偏好对水资源高效利用候选方案进行全面了解、认识和综合评定，对每个方案的目标权重进行反复分析评估，具体方法可根据 Delphi 专家调查法进行，得到各目标的权重值，确定各方案的决策选择函数值，见表 7.6 和表 7.7。

表 7.6　　　　　　　　　　　各目标的综合权重值

指标	内部收益率	单方耗水GDP	现状灌溉水有效利用系数	区域广义水资源利用率	农业灌溉水价	耗水节水量	区域生态服务价值	地下水位相对现状下降幅度
权重	0.120	0.180	0.120	0.137	0.093	0.113	0.120	0.117

表 7.7　　　　　　　　　　　各方案的决策选择函数值

综合方案	1	2	3	4	5	6	7	8
选择函数值	53.6	44.48	34.73	68.84	33.48	68.96	58.72	37.14

方案 6 的决策选择函数值最大，表明各决策者的综合决策意见倾向于方案6，因此方案 6 为首选方案，次之为方案 4。

由此可以确定，青铜峡灌区灌溉水有效利用系数的阈值为 0.481。未来应继续实施渠系衬砌、结构调整、土地平整、水价改革等措施，充分挖掘灌区节水潜力。

GB/T 50363—2006《节水灌溉工程技术规范》规定大型灌区灌溉水有效利用系数不应低于 0.5，而评价得到的青铜峡灌区灌溉水有效利用系数的阈值小于0.5，主要原因：一是青铜峡灌区是特大型灌区，规则灌溉面积达到 506 万亩，远超一般大型灌区，渠道众多，现有总干渠、干渠及主要支干渠总长达1084km，其中唐徕渠干渠长达 155km；二是青铜峡灌区包含银川市、石嘴山市、吴忠市等城市，境内湖泊湿地众多、生态环境良好，而当地多年平均降水量仅

180～220mm，为维护灌溉区域的生态环境，灌溉引水除了补充农业灌溉之外，还被赋予了新的功能，即维护区域适当的地下水位和湖泊湿地规模。这些因素都制约了青铜峡灌区灌溉水有效利用系数的提高。

7.3.2 位山灌区

考虑自然与人工两方面因素，首先根据 DEM 提取子流域；然后考虑人工影响，根据干渠和主要支渠将灌区剖分为灌域，再将子流域、灌域和县（市、区）叠加，得到 391 个水循环单元。在 391 个水循环分区基础上，每个分区考虑 9 种土地利用（林地、草地、湖泊湿地、居工地、未利用地、自然河道、引水渠、排水渠和农田），并将农田分为 12 种农作物，得到 4692 个水循环响应单元，如图 7.10 和图 7.11 所示。模型将详细模拟 4692 个水循环响应单元的水循环过程、植被生长过程和风蚀过程。

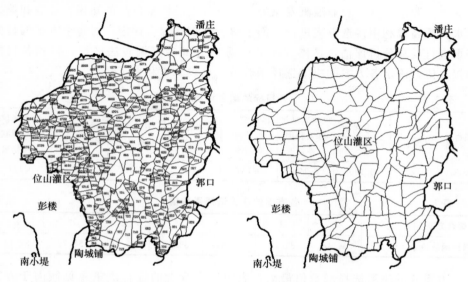

图 7.10　位山灌区剖分的灌域　　　　图 7.11　位山灌区水循环单元

为定量评价位山灌区不同措施方案的灌区节水潜力，在作物生理节水、田间节水和渠系节水措施分析基础上，构建灌区节水方案集（表 7.8），进行每个方案的灌区水资源利用与消耗及其伴生的经济、社会、生态与环境模拟分析，评估灌区农业节水潜力。

将灌溉水资源利用与消耗量与现状情况进行对比分析，可以得到不同方案下位山灌区农业灌溉节水和耗水节水量。由于考虑了农业灌溉用水的变化对周边自然生态环境的影响，灌区耗水节水量要大于仅考虑农田作物耗水和渠系耗水的农业耗水节水量，两者之间的关系如图 7.12 所示。

从经济、技术、社会和生态等 4 个方面评价各个综合方案的可行性见表 7.9。

表 7.8 位山灌区农业节水潜力方案集

措施	方 案	方案1	方案2（推荐）	方案3	方案4	方案5
作物	小麦调亏灌溉－10％实施	√	√			
	小麦调亏灌溉－20％实施			√		
	小麦调亏灌溉－40％实施				√	
	小麦调亏灌溉－60％实施					√
田间种植结构调整节水	小麦减少5％，水稻减少50％，调整成春玉米和其他粮食与经济作物	√	√			
	小麦减少10％，水稻减少50％，调整成春玉米和其他粮食与经济作物			√		
	小麦减少10％，水稻减少50％，调整成春玉米和其他粮食与经济作物				√	
	小麦减少15％，水稻减少80％，调整成春玉米和其他粮食与经济作物					√
田间薄膜和秸秆覆盖节水	小麦秸秆覆盖玉米提高到80％，棉花地膜覆盖40％	√				
	小麦秸秆覆盖玉米提高到80％，棉花地膜覆盖60％		√			
	小麦秸秆覆盖玉米提高到80％，棉花地膜覆盖80％			√		
	小麦秸秆覆盖玉米提高到100％，棉花地膜覆盖60％				√	
	小麦秸秆覆盖玉米提高到100％，棉花地膜覆盖80％					√
灌区畦灌与喷微灌节水	油菜、大豆、高粱、谷子、花生等作物采用沟畦灌溉	√	√	√		√
	蔬菜瓜类喷微灌面积比例40％，果树达到30％	√				
	蔬菜瓜类喷微灌面积比例40％，果树达到50％		√			
	蔬菜瓜类喷微灌面积比例60％，果树达到50％			√		
	蔬菜瓜类喷微灌面积比例60％，果树达到70％				√	
	蔬菜瓜类喷微灌面积比例80％，果树达到50％					√
灌区渠系节水	渠系水利用系数提高0.06	√				
	渠系水利用系数提高0.09		√	√		
	渠系水利用系数提高0.12				√	√

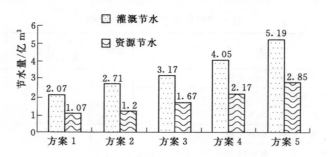

图 7.12　不同节水方案比较

表 7.9　位山灌区农业节水综合方案合理性评价

方案	技术	经济	社会	生态
方案 1	可行	合理	接受	良好
方案 2	可行	合理	接受	良好
方案 3	小麦调亏灌溉达到 40%较难	合理	棉花地膜覆盖 80%，社会较难接受	良好
方案 4	调亏灌溉实施 60% 不太可行	合理	玉米 100%秸秆覆盖、果树 70%喷微灌较难接受	良好，但对流域土壤风蚀稍有影响
方案 5	调亏灌溉实施 80% 不可行	大幅提高渠系水利用系数，经济上不太合理	玉米覆盖 100%、棉花地膜覆盖 80%，社会难接受	良好，但对流域土壤风蚀稍有影响

　　方案 1 和方案 2 在经济、技术、社会和生态方面基本上都可行，方案 3 小麦调亏灌溉达到 40%实施起来较困难，棉花进行地膜覆盖 80%，社会也较难以接受，方案 4 除了面临技术和社会接受问题之外，土壤风蚀模数相对现状也有较大增加，方案 5 除了存在技术、社会和生态问题之外，大幅度提高渠系水利用效率在经济上不可行。因此，认为方案 2 是可行的流域节水潜力方案，位山灌区灌溉节水潜力为 2.71 亿 m^3，资源节约潜力为 1.20 亿 m^3；推荐方案为位山灌区农业节水潜力方案，此方案对应的灌溉水有效利用系数为 0.54。

　　选定的节水方案对生态的影响：在选定节水方案条件下，地下水位平均仅下降 26cm，对生态系统影响不大；土壤风蚀模数增加了 1.15% [0.014kg/(m^2 · a)]，属于轻度风蚀的范围 [0.2～2.5kg/(m^2 · a)]。因此，一般来说，半湿润地区节水不会对生态造成负面影响。

7.3.3　漳河灌区

　　漳河灌区是一个典型的"长藤结瓜"灌溉系统（图 7.13）。灌区内数以万计的中小型水库和塘堰星罗棋布，灌溉渠道和排水沟道以及其他输配水设施贯穿、连接其中，形成了一个完整的灌溉网络，如图 7.13 所示。

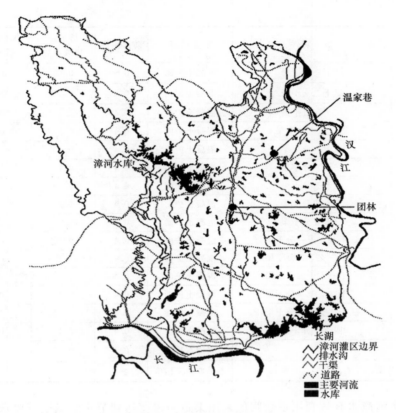

图 7.13　漳河灌区示意图

　　漳河灌区地处湿润区，采取节水灌溉措施对生态环境需水一般不会产生负面
影响，主要考虑工程可能性和经济性等因素。因此，漳河灌区灌溉水有效利用系
数阈值计算采用系数连乘法，即渠道水利用系数和田间水利用系数连乘的方法。
参数选取见表 7.10。

表 7.10　　　各级渠道渗水量折减系数选取（达到节水灌溉规范要求）

渠　道　级　别		防渗措施	防渗比例	渗水量折减系数	综合渗水量折减系数
总干渠		混凝土护面	1.0	0.15	0.15
干渠	二干渠	混凝土护面	0.6	0.15	0.49
	三干渠	混凝土护面	0.6	0.15	0.49
	西干渠	混凝土护面	0.6	0.15	0.49
	一干渠	混凝土护面	0.6	0.15	0.49
	四干渠	混凝土护面	0.6	0.15	0.49

续表

渠道级别		防渗措施	防渗比例	渗水量折减系数	综合渗水量折减系数
支干渠	三干一支干渠	混凝土护面	0.5	0.15	0.575
	三干二支干渠	混凝土护面	0.5	0.15	0.575
分干渠	二干一分干渠	混凝土护面	0.4	0.15	0.66
	二干新二分干渠	混凝土护面	0.4	0.15	0.66
	三干一分干渠	混凝土护面	0.4	0.15	0.66
	三干二分干渠	混凝土护面	0.4	0.15	0.66
	三干三分干渠	混凝土护面	0.4	0.15	0.66
	三干四分干渠	混凝土护面	0.4	0.15	0.66
	三干五分干渠	混凝土护面	0.4	0.15	0.66
	三干一支干一分干渠	混凝土护面	0.4	0.15	0.66
	三干一支干二分干渠	混凝土护面	0.4	0.15	0.66
	三干一支干三分干渠	混凝土护面	0.4	0.15	0.66
	三干二支干一分干渠	混凝土护面	0.4	0.15	0.66
	三干二支干二分干渠	混凝土护面	0.4	0.15	0.66
	四干一分干渠	混凝土护面	0.4	0.15	0.66
支渠		浆砌石衬砌	0.4	0.20	0.68
分渠、斗渠、农渠、毛渠		不采取防渗措施	—	—	1.00

本次灌溉水有效利用系数阈值采用渠道防渗率达到节水灌溉规范要求时，漳河灌区达到设计工况条件下的灌溉水有效利用系数值。根据实际观测结果，田间水利用系数为 0.965。利用表 7.11 中计算结果，根据灌区内不同渠道组合方式所占的面积加权平均，计算得到全灌区灌溉水有效利用系数阈值为 0.539。

表 7.11　设计工况下渠道灌溉水有效利用系数阈值（达到节水灌溉规范要求）

渠道级别		渠道净流量/(m³/s)	单位损失系数	渠道长度/km	地下水顶托系数	渗水量折减系数	蒸发、闸门漏水损失/(m³/s)	实际输水损失/(m³/s)	渠道水利用系数	加权值
总干渠		70.9	0.0029	17.7	0.33	0.15	4.963	5.14	0.9323	0.932
干渠	二干渠	28.4	0.0040	73.3	0.42	0.49	2.272	4.00	0.8766	0.879
	三干渠	56.3	0.0032	67.7	0.37	0.49	704	6.70	0.8937	
	西干渠	0.73	0.0145	21.9	0.79	0.49	0.0584	0.15	0.8312	
	一干渠	3.99	0.0080	54.9	0.63	0.49	0.3192	0.86	0.8225	
	四干渠概化	11.1	0.0056	67.5	0.5	0.49	0.888	1.92	0.8528	

渠道级别		渠道净流量/(m³/s)	单位损失系数	渠道长度/km	地下水顶托系数	渗水量折减系数	蒸发、闸门漏水损失/(m³/s)	实际输水损失/(m³/s)	渠道水利用系数	加权值
支干渠	三干一支干渠	8.7	0.0061	36.4	0.5	0.575	0.696	1.25	0.8743	0.888
	三干二支干渠	19.1	0.0046	31.2	0.45	0.575	1.528	2.24	0.8950	
分干渠	二干一分渠	3.6	0.0083	15.0	0.63	0.66	0.252	0.44	0.8914	0.867
	二干二分渠	8.57	0.0061	30.0	0.5	0.66	0.5999	1.12	0.8844	
	三干一分渠	5.2	0.0073	36.0	0.63	0.66	0.364	0.93	0.8480	
	三干二分渠	1.6	0.0110	26.3	0.79	0.66	0.112	0.35	0.8188	
	三干三分渠	4.8	0.0075	24.3	0.63	0.66	0.336	0.70	0.8727	
	三干四分渠	5.4	0.0072	30.2	0.63	0.66	0.378	0.87	0.8617	
	三干五分渠	1.6	0.0110	18.2	0.79	0.66	0.112	0.28	0.8513	
	三干一支一分渠	2	0.0102	23.9	0.63	0.66	0.14	0.34	0.8537	
	三干一支二分渠	1.4	0.0116	23.3	0.79	0.66	0.098	0.29	0.8262	
	三干一支三分渠	2	0.0102	23.3	0.63	0.66	0.14	0.34	0.8556	
	三干二支一分渠	6.8	0.0066	32.1	0.5	0.66	0.476	0.95	0.8769	
	三干二支二分渠	5.7	0.0071	28.3	0.63	0.66	0.399	0.87	0.8672	
	四干一分干渠	2.4	0.0096	18.1	0.63	0.66	0.168	0.34	0.8756	
支渠		1.314	0.0118	22.5	0.63	0.68	0.0657	0.22	0.8593	0.859
分渠		1.05	0.0128	6.86	0.63	1	0.0525	0.11	0.9048	0.905
斗渠		0.682	0.0149	3.68	0.63	1	0.0341	0.06	0.9221	0.922
农渠		0.441	0.0173	2.26	0.82	1	0.0221	0.04	0.9241	0.924
毛渠		0.228	0.0218	0.24	0.82	1	0.0114	0.01	0.9485	0.949

7.3.4 铜山源灌区

铜山源水库灌区位置和渠系分布如图 7.14 和图 7.15 所示。

在计算铜山源灌区灌溉水有效利用系数阈值时,主要采用铜山源灌区续建配套与节水改造项目规划目标达到时的灌溉水有效利用系数值。

计算铜山源灌区灌溉水有效利用系数时,采用渠系水利用系数与

图 7.14 铜山源灌区位置

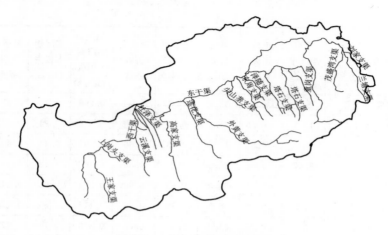

图 7.15　铜山源灌区渠系分布

田间水利用系数连乘法，结果见表 7.12。根据表 7.12 的计算结果（土壤渗透性系数 2.10，透水指数 0.40），全灌区灌溉水有效利用系数阈值为 0.512。

表 7.12　　　　节水续建配套工程完工时灌溉水有效利用系数（阈值）

管理级别	渠道名称	渠道长度/km	设计流量/(m³/s)	衬砌长度/km	顶托系数	衬砌率修正系数	工程损失率/%	工程损失水量	非工程损失水量	单渠道水利用系数	加权水利用系数
干渠	东干渠	42.98	22.01	42.98	0.56	0.15	0.049	0.465	1.761	0.898	0.898
	西干渠	22.31	8.81	22.31	0.68	0.15	0.085	0.168	0.705	0.900	
支渠	高家支渠	16.27	2.52	16.27	0.86	0.15	0.179	0.073	0.176	0.899	0.867
	莲花支渠	12.85	1.40	12.85	0.96	0.15	0.253	0.045	0.098	0.896	
	外黄支渠	28.80	3.20	28.80	0.82	0.15	0.154	0.142	0.224	0.884	
	童岗支渠	16.60	2.20	16.60	0.89	0.15	0.195	0.071	0.154	0.896	
	塔石支渠	43.90	2.90	43.90	0.83	0.15	0.162	0.207	0.203	0.855	
	泽随支渠	5.94	0.63	5.94	1.00	0.15	0.361	0.013	0.044	0.908	
	茂盛湾支渠	8.30	1.40	2.63	0.73	0.73	1.231	0.143	0.098	0.908	
	刘家支渠	6.40	1.20	2.03	0.98	0.73	1.334	0.102	0.084	0.827	
	峡口支渠	4.93	4.93	1.56	0.77	0.73	0.597	0.145	0.345	0.894	
	东周支渠	8.47	0.85	2.69	1.00	0.73	1.559	0.112	0.060	0.902	
	金村垄支渠	6.25	0.90	1.98	1.00	0.73	1.524	0.086	0.063	0.815	
	金枧支渠	9.37	0.72	2.97	1.00	0.73	1.666	0.112	0.050	0.741	
	毛桐山支渠	10.10	0.45	3.20	1.00	0.73	2.010	0.091	0.032	0.684	
	尖山垄支渠	7.30	0.60	2.32	1.00	0.73	1.792	0.078	0.042	0.772	

续表

管理级别	渠道名称	渠道长度/km	设计流量/(m³/s)	衬砌长度/km	顶托系数	衬砌率修正系数	工程损失率/%	工程损失水量	非工程损失水量	单渠道水利用系数	加权水利用系数
支渠	石佛支渠	6.50	0.50	2.06	1.00	0.73	1.927	0.063	0.035	0.778	0.867
	大平阪支渠	2.38	0.25	0.75	1.00	0.73	2.543	0.015	0.018	0.857	
	中塘支渠	14.00	1.20	4.44	0.98	0.73	1.334	0.224	0.084	0.704	
	山门寺支渠	1.82	0.25	0.58	1.00	0.73	2.543	0.012	0.018	0.874	
	兰塘支渠	8.40	0.54	2.66	1.00	0.73	1.869	0.085	0.038	0.740	
	杜泽支渠	8.54	1.00	8.54	1.00	0.15	0.300	0.026	0.070	0.903	
	白水支渠	19.08	2.18	19.08	0.89	0.15	0.196	0.082	0.153	0.891	
	云溪支渠	10.12	2.00	10.12	0.91	0.15	0.207	0.042	0.140	0.908	
	上岗头支渠	3.80	0.48	1.21	1.00	0.73	1.959	0.036	0.034	0.840	
	王家支渠	11.38	1.95	11.38	0.91	0.15	0.210	0.047	0.137	0.905	
	万田支渠	5.51	1.20	1.75	0.98	0.73	1.334	0.088	0.084	0.841	
斗渠	—	2.50	0.10	—	1.08	1.00	5.431	0.014	0.005	—	0.807
农渠	—	1.00	0.05	—	1.09	1.00	7.196	0.004	0.001	—	0.904
毛渠	—	0.30	0.01	—	1.09	1.00	13.744	0.000	0.000	—	0.947
田间	—	—	—	—	—	—	—	—	—	—	0.950
灌区灌溉水有效利用系数											0.512

7.4 全国灌溉水有效利用系数阈值初步探讨

7.4.1 阈值估算分析方法

1. 分区

由于目前全国典型灌区数量较少，全国灌溉水有效利用系数阈值的确定主要采取以点代面的方法，即由典型灌区灌溉水有效利用系数阈值来推算不同规模与类型灌区、各分区及全国灌溉水有效利用系数的阈值。

根据不同气候分区，主要以多年平均年降水量来划分。把全国分成3大区域，即干旱半干旱区、半湿润区和湿润区，见图7.16和表7.13。将前述已进行过计算分析确定灌溉水有效利用系数阈值的宁夏青铜峡、山东位山、湖北漳河和浙江铜山源4个大型灌区，作为不同区域的典型代表灌区，见表7.14。

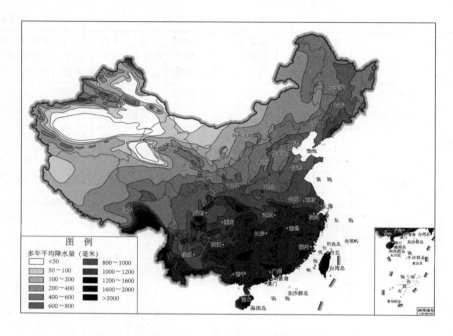

图 7.16 全国不同气候区多年平均降水量等值线图

表 7.13 灌溉水有效利用系数分区及阈值

分 区	降水量	典型灌区	灌溉水有效利用系数阈值
干旱半干旱	＜400mm	宁夏青铜峡灌区	0.481
半湿润	400～800mm	山东位山灌区	0.540
湿润区	＞800mm	湖北漳河灌区 浙江铜三源灌区	0.526

注 此分区并非严格意义上的分区。

表 7.14 典型灌区特点

灌区名称	灌区类型	所在地	灌 区 特 点
青铜峡灌区	大型	宁夏回族自治区	干旱半干旱区，引黄灌区
位山灌区	大型	山东省	半湿润区，引黄、井渠结合灌区
漳河灌区	大型	湖北省	南方湿润地区，低山丘陵灌区，以大型水库为骨干，中小型水利设施为基础，泵站作为补充的大、中、小相结合，蓄、引、堤相结合的典型"长藤结瓜"灌溉系统
铜山源灌区	大型	浙江省	南方湿润地区，丘陵灌区，以大型水库为骨干，中小型水利设施为基础，蓄、引、堤相结合的水库灌区

需要说明的是：青铜峡灌区灌溉水有效利用系数阈值 0.481 是对不同节水方案下的经济（工程效益和宏观效益）、生态合理性评价的基础上确定的；位山灌区灌溉水有效利用系数阈值 0.540 是在不同节水方案下经济和生态（半湿润地区节水对地下水位和风蚀不会产生明显影响）评价基础上确定的；漳河灌区和铜山源灌区灌溉水有效利用系数阈值 0.539 和 0.512 是在达到节水灌溉规划或续建配套与节水改造工程规划要求时，经过经济和生态的合理性论证后确定的。

2. 参照标准

根据 GB/T 50363—2006《节水灌溉工程技术规范》第 6.0.4 条规定：灌溉水有效利用系数应符合下列规定：大型灌区不应低于 0.50；中型灌区不应低于 0.60；小型灌区不应低于 0.70；井灌区不应低于 0.80；喷灌区不应低于 0.80；微喷灌区不应低于 0.85；滴灌区不应低于 0.90。

3. 不同规模与类型灌区灌溉水有效利用系数阈值确定

（1）大型灌区灌溉水有效利用系数阈值确定。

对于干旱半干旱区，参考宁夏青铜峡灌区的阈值 0.481，再考虑到未来大型灌区续建配套与节水改造完成后的实际情况，在实际计算中采用 GB/T 50363—2006《节水灌溉工程技术规范》中大型灌区节水灌溉标准下限值，即采用 0.500 代替 0.481；半湿润地区大型灌区灌溉水有效利用系数阈值采用山东位山灌区的阈值 0.540；湿润地区大型灌区灌溉水有效利用系数阈值选用湖北漳河灌区（阈值 0.539）和浙江铜山源灌区（阈值 0.512）灌溉水有效利用系数阈值的平均值 0.526。不同分区内的各省（自治区、直辖市）大型灌区灌溉水有效利用系数阈值以各分区典型灌区的阈值代替；对于两个分区交界处的省（自治区、直辖市），采用两分区典型灌区灌溉水有效利用系数阈值的平均值代替。

（2）中型、小型灌区灌溉水有效利用系数阈值确定。

以典型大型灌区灌溉水有效利用系数阈值与 GB/T 50363—2006《节水灌溉工程技术规范》中大型灌区灌溉水有效利用系数标准的差值，来确定中、小型灌区灌溉水有效利用系数阈值增减幅度，若典型灌区灌溉水有效利用系数阈值低于节水灌溉标准值，则取规范标准下限值替代；中型、小型灌区灌溉水有效利用系数阈值在 GB/T 50363—2006《节水灌溉工程技术规范》标准的基础上，按照典型（大型）灌区与节水灌溉规范标准的增减幅度进行相应调整，同时要考虑地区的实际情况。

（3）纯井灌区灌溉水有效利用系数阈值确定。

纯井灌区按照其不同灌溉类型（土质渠道地面灌、防渗渠道地面灌、管道输水地面灌、喷灌、微灌），参照上述方法和相关标准，根据水量或面积加权方法，分别计算各省（自治区、直辖市）纯井灌区的灌溉水有效利用系数阈值。

7.4.2　全国灌溉水有效利用系数阈值

7.4.2.1　不同规模与类型灌区灌溉水有效利用系数阈值的确定

全国各省（自治区、直辖市）大型、中型、小型灌区灌溉水有效利用系数阈值的确定是以 2014 年各省（自治区、直辖市）不同规模与类型灌区毛灌溉用水量作为基础数据，根据不同分区（干旱半干旱地区、半湿润地区、湿润地区）典型灌区的灌溉水有效利用系数阈值，按照上述 7.4.1 节的方法来确定，见表 7.15。

表 7.15　　　　　　　　不同规模灌区灌溉水有效利用系数阈值

序号	省（自治区、直辖市）	大型灌区	中型灌区	小型灌区
1	北京	0.540	0.640	0.740
2	天津	0.540	0.640	0.740
3	河北	0.540	0.640	0.740
4	山西	0.540	0.640	0.740
5	内蒙古	0.500	0.600	0.700
6	辽宁	0.540	0.640	0.740
7	吉林	0.540	0.640	0.740
8	黑龙江	0.540	0.640	0.740
9	上海	0.526	0.626	0.726
10	江苏	0.533	0.633	0.733
11	浙江	0.526	0.626	0.726
12	安徽	0.533	0.633	0.733
13	福建	0.526	0.626	0.726
14	江西	0.526	0.626	0.726
15	山东	0.540	0.640	0.740
16	河南	0.533	0.633	0.733
17	湖北	0.526	0.626	0.726
18	湖南	0.526	0.626	0.726
19	广东	0.526	0.626	0.726
20	广西	0.526	0.626	0.726
21	海南	0.526	0.626	0.726
22	重庆	0.526	0.626	0.726
23	四川	0.526	0.626	0.726
24	贵州	0.526	0.626	0.726
25	云南	0.526	0.626	0.726
26	西藏	0.500	0.600	0.700

续表

序号	省（自治区、直辖市）	大型灌区	中型灌区	小型灌区
27	陕西	0.511	0.611	0.711
28	甘肃	0.500	0.600	0.700
29	青海	0.500	0.600	0.700
30	宁夏	0.500	0.600	0.700
31	新疆	0.500	0.600	0.700
32	新疆生产建设兵团	0.500	0.600	0.700
33	节水灌溉标准	0.500	0.600	0.700

　　纯井灌区灌溉水有效利用系数阈值根据不同的灌溉类型（土质渠道地面灌、防渗渠道地面灌、管道输水地面灌、喷灌、微灌），采用水量加权法得出，见表 7.16。

表 7.16　　　　　　　　纯井灌区灌溉水有效利用系数阈值确定

序号	省（自治区、直辖市）	水量加权法	序号	省（自治区、直辖市）	水量加权法
1	北京	0.829	18	湖南	
2	天津	0.828	19	广东	0.819
3	河北	0.837	20	广西	
4	山西	0.854	21	海南	
5	内蒙古	0.833	22	重庆	
6	辽宁	0.834	23	四川	
7	吉林	0.800	24	贵州	
8	黑龙江	0.800	25	云南	
9	上海		26	西藏	
10	江苏	0.809	27	陕西	0.833
11	浙江		28	甘肃	0.840
12	安徽	0.852	29	青海	0.813
13	福建	0.815	30	宁夏	0.838
14	江西		31	新疆	0.878
15	山东	0.821	32	新疆生产建设兵团	
16	河南	0.814	33	节水灌溉标准	0.800
17	湖北				

　　全国各省（自治区、直辖市）不同规模与类型灌区灌溉水有效利用系数阈值与 GB/T 50363—2006《节水灌溉工程技术规范》标准比较如图 7.17～图 7.20 所示。

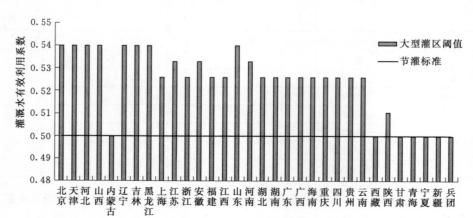

图 7.17　各省（自治区、直辖市）大型灌区灌溉水有效利用系数阈值与节水灌溉标准

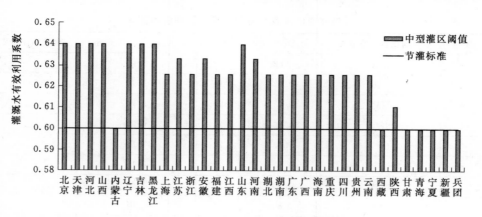

图 7.18　各省（自治区、直辖市）中型灌区灌溉水有效利用系数阈值与节水灌溉标准

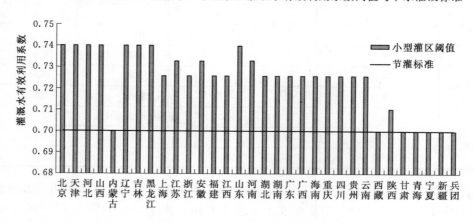

图 7.19　各省（自治区、直辖市）小型灌区灌溉水有效利用系数阈值与节灌标准

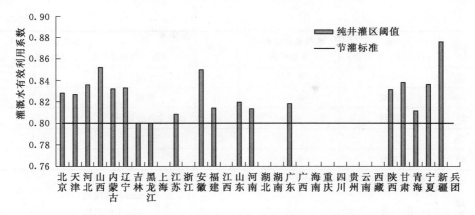

图 7.20　各省（自治区、直辖市）纯井灌区灌溉水有效利用系数阈值与节灌标准

7.4.2.2　全国灌溉水有效利用系数阈值的确定

根据不同规模与类型灌区灌溉水有效利用系数阈值，以省（自治区、直辖市）为基本单元，按照毛灌溉用水量加权平均方法确定各省（自治区、直辖市）灌溉水有效利用系数阈值，然后再根据各省灌溉水有效利用系数阈值，按照水量加权平均方法得到全国灌溉水有效利用系数阈值为 0.643。其中：灌溉水有效利用系数阈值最高的是北京市，其阈值为 0.769；灌溉水有效利用系数阈值最低的是宁夏区，其阈值为 0.518，其他省灌溉水有效利用系数阈值详见表 7.17 和图 7.21。

表 7.17　　　　各省（自治区、直辖市）及全国灌溉水有效阈值统计表

序号	省（自治区、直辖市）	灌溉水有效利用系数阈值	序号	省（自治区、直辖市）	灌溉水有效利用系数阈值
1	北京	0.769	13	福建	0.652
2	天津	0.674	14	江西	0.667
3	河北	0.767	15	山东	0.667
4	山西	0.704	16	河南	0.697
5	内蒙古	0.625	17	湖北	0.600
6	辽宁	0.644	18	湖南	0.642
7	吉林	0.690	19	广东	0.657
8	黑龙江	0.719	20	广西	0.671
9	上海	0.725	21	海南	0.619
10	江苏	0.656	22	重庆	0.701
11	浙江	0.662	23	四川	0.602
12	安徽	0.635	24	贵州	0.710

序号	省 （自治区、直辖市）	灌溉水有效利用 系数阈值	序号	省 （自治区、直辖市）	灌溉水有效利用 系数阈值
25	云南	0.659	30	宁夏	0.518
26	西藏	0.613	31	新疆	0.552
27	陕西	0.600	32	新疆生产建设兵团	0.541
28	甘肃	0.566	33	全国	0.643
29	青海	0.640			

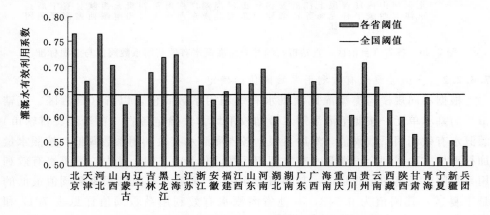

图 7.21　各省（自治区、直辖市）灌溉水有效利用系数阈值

　　各省（自治区、直辖市）及全国灌溉水有效阈值与 2014 年现状值比较详见表 7.18 和图 7.22。各省（自治区、直辖市）灌溉水有效利用系数阈值与 2014 年现状差值空间分布如图 7.23 所示。

表 7.18　　　　各省（自治区、直辖市）及全国灌溉水有效
阈值与 2014 年现状值比较

序号	省（自治区、直辖市）	灌溉水有效利用系数阈值	2014 年现状值	两者差值
1	北京	0.769	0.705	0.064
2	天津	0.674	0.678	−0.004
3	河北	0.767	0.664	0.103
4	山西	0.704	0.528	0.176
5	内蒙古	0.625	0.512	0.113
6	辽宁	0.644	0.582	0.062
7	吉林	0.690	0.556	0.134
8	黑龙江	0.719	0.581	0.138
9	上海	0.725	0.731	−0.006

序号	省（自治区、直辖市）	灌溉水有效利用系数阈值	2014 年现状值	两者差值
10	江苏	0.656	0.590	0.066
11	浙江	0.662	0.579	0.083
12	安徽	0.635	0.512	0.122
13	福建	0.652	0.528	0.124
14	江西	0.667	0.484	0.183
15	山东	0.667	0.627	0.040
16	河南	0.697	0.598	0.099
17	湖北	0.600	0.494	0.106
18	湖南	0.642	0.487	0.155
19	广东	0.657	0.475	0.182
20	广西	0.671	0.446	0.225
21	海南	0.619	0.558	0.060
22	重庆	0.701	0.475	0.226
23	四川	0.602	0.446	0.156
24	贵州	0.710	0.446	0.264
25	云南	0.659	0.445	0.214
26	西藏	0.613	0.410	0.203
27	陕西	0.600	0.552	0.048
28	甘肃	0.566	0.537	0.029
29	青海	0.640	0.470	0.170
30	宁夏	0.518	0.475	0.043
31	新疆	0.552	0.513	0.039
32	兵团	0.541	0.556	−0.015
33	全国	0.643	0.530	0.113

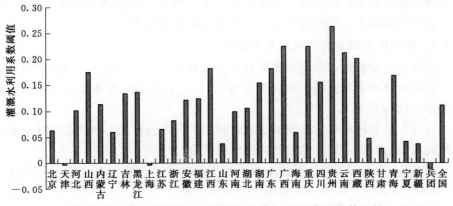

图 7.22　各省（自治区、直辖市）阈值与 2014 年现状值比较

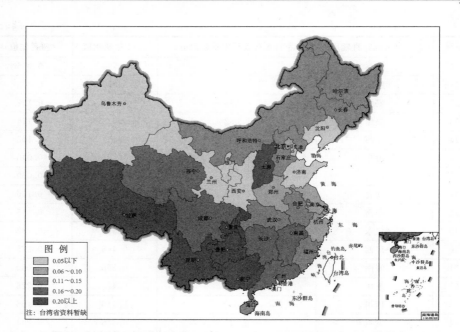

图 7.23　各省（自治区、直辖市）阈值与 2014 年现状差值空间分布

从表 7.18 和图 7.22 可以看出，采用水量加权法计算各省（自治区、直辖市）阈值与 2014 年现状值的差值比较中（图 7.23），广西、云南、贵州、重庆、西藏相对较大，差值范围在 0.184～0.264，灌溉水有效利用系数提高潜力大；其次是江西、湖南、广东、四川、青海的阈值与现状值的差值范围在 0.139～0.183；黑龙江、吉林、内蒙古、河北、河南、湖北、安徽的阈值与现状值差值范围在 0.084～0.138；辽宁、北京、山东、江苏、浙江、陕西、宁夏、甘肃、新疆、海南的阈值与现状值的差值范围在 0.001～0.083，灌溉水有效利用系数提高潜力相对较低；而上海、天津和新疆生产建设兵团的阈值与现状值差为负，说明在现状基础上，提高灌溉水有效利用系数最为困难。

7.4.3　各分区灌溉水有效利用系数阈值

按照水量加权法，东北地区灌溉水有效利用系数阈值最大，为 0.701；其次是华北地区灌溉水有效利用系数阈值为 0.700；西北地区灌溉水有效利用系数阈值最小，仅为 0.556。

总之，东北区和华北区灌溉水有效利用系数阈值较高，而西北地区灌溉水有效阈值均相对较低，计算结果与实际情况符合。

图 7.24 为全国各分区灌溉水有效利用系数阈值；图 7.25 为全国各分区分省（自治区、直辖市）灌溉水有效阈值与全国比较。

由表 7.19 和图 7.26 可知，通过各分区水量加权法计算的阈值与 2014 年现

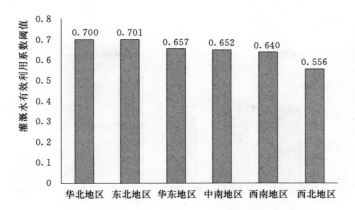

图 7.24　全国各分区灌溉水有效利用系数阈值

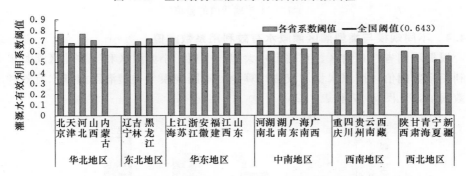

图 7.25　全国各分区分省（自治区、直辖市）灌溉水有效阈值与全国比较

状值比较来看，西南地区现状值与阈值相差最大，达到 0.194；中南地区现状值与阈值相差 0.160；西北地区现状值与阈值相差最小，仅为 0.035。总体上看，西南、中部地区灌溉水有效利用系数阈值提升空间相对较大；东北和华北地区灌溉水有效利用系数提升空间次之；而东南地区和干旱半干旱的西北地区灌溉水有效利用系数提升空间相对较小。

表 7.19　　各分区灌溉水有效利用系数阈值与 2014 年现状值比较

分　区	灌溉水有效利用系数阈值	2014 年现状值	差值
华北地区	0.700	0.587	0.113
东北地区	0.701	0.577	0.124
华东地区	0.657	0.560	0.097
西北地区	0.556	0.521	0.035
中南地区	0.652	0.492	0.160
西南地区	0.640	0.446	0.194

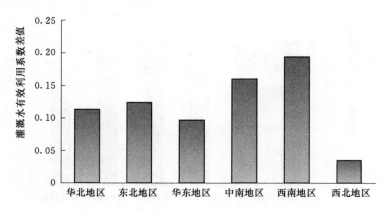

图 7.26 各分区灌溉水有效利用系数阈值
与 2014 年现状值的差值

7.4.4 不同规模与类型灌区灌溉水有效利用系数阈值

根据不同省（自治区、直辖市）大型、中型、小型灌区和纯井灌区灌溉水有效利用系数阈值，按照水量加权法计算全国不同规模与类型灌区灌溉水有效利用系数阈值，见图 7.27 和表 7.20。

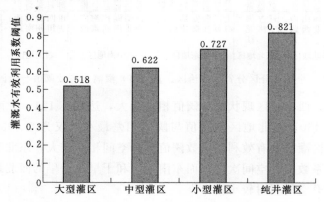

图 7.27 不同规模与类型灌区灌溉水有效利用系数阈值

表 7.20 不同规模与类型灌区灌溉水有效利用系数阈值与节灌标准对比

灌区类型	灌溉水有效利用系数阈值	节水灌溉标准	差值
大型灌区	0.518	0.5	0.018
中型灌区	0.622	0.6	0.022
小型灌区	0.727	0.7	0.027
纯井灌区	0.821	0.8	0.021

不同规模与类型灌区灌溉水有效利用系数阈值与节灌标准对比如图 7.28

所示。

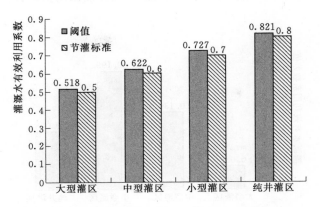

图 7.28 不同规模与类型灌区灌溉水有效利用
系数阈值与节灌标准对比

从计算结果看，大型灌区灌溉水有效利用系数阈值为 0.518；中型灌区灌溉水有效利用系数阈值为 0.622；小型灌区灌溉水有效利用系数阈值为 0.727；纯井灌区灌溉水有效利用系数阈值为 0.821。通过与节灌规范标准比较可以看出，小型灌区阈值比节灌标准高出 0.027，中型灌区阈值比节灌标准高出 0.022，大型灌区阈值比节灌标准高出 0.018，纯井灌区阈值比节灌标准高出 0.021。

通过表 7.21 和图 7.29 可以看出，与 2014 年现状值比较，小型灌区现状值与阈值相差最大，达到了 0.199，灌溉水有效利用系数提高潜力最大；中型灌区，现状值与阈值相差了 0.130；纯井灌区灌溉水有效利用系数现状值与阈值相差 0.098；大型灌区灌溉水有效利用系数现状值与阈值相差最小，仅为 0.039。说明大型灌区和井灌区灌溉水有效系数提升空间相对较小，而小型和中型灌区灌溉水有效利用系数提升空间相对较大，也是未来灌区续建配套与节水改造的重点。

表 7.21   不同规模与类型灌区灌溉水有效利用系数阈值与 2014 年现状值比较

灌区规模与类型	灌溉水有效利用系数阈值	2014 年现状值	差值
大型灌区	0.518	0.479	0.039
中型灌区	0.622	0.492	0.130
小型灌区	0.727	0.528	0.199
纯井灌区	0.821	0.723	0.098

总之，水量加权法计算的不同规模与类型灌区灌溉水有效利用系数阈值为大

型灌区阈值＜中型灌区阈值＜小型灌区阈值＜纯井灌区阈值，计算结果符合一般规律性。

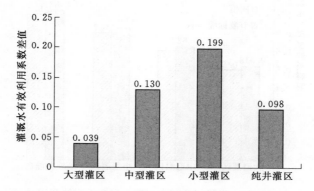

图 7.29　不同规模与类型灌区灌溉水有效利用系数
阈值与 2014 年现状值比较的差值

参 考 文 献

［1］ 白美健，许迪，蔡林根，等．黄河下游引黄灌区渠道水利用系数估算方法［J］．农业工程学报，2003，19（3）：80-84．

［2］ 陈斐，杜道生．空间统计分析与 GIS 在区域经济分析中的应用［J］．武汉大学学报（信息科学版），2002，27（4）：391-396．

［3］ 蔡甲冰，刘钰，雷廷武，等．精量灌溉决策定量指标研究现状与进展［J］．水科学进展，2004，15（4）：531-537．

［4］ 蔡守华，张展羽，张德强．修正灌溉水利用效率指标体系的研究［J］．水利学报，2004（5）：111-115．

［5］ 陈伟，郑连生，聂建中．节水灌溉的水资源评价体系［J］．南水北调与水利科技，2005，3（3）：32-34．

［6］ 崔远来，董斌，李远华．农业节水灌溉评价指标与尺度问题［J］．农业工程学报，2007，23（7）：1-7．

［7］ 崔远来，李远华，陆垂裕．灌溉用水有效利用系数尺度效应分析［J］．中国水利，2009（3），18-21．

［8］ 崔远来，熊佳．灌溉水利用效率指标研究进展［J］．水科学进展，2009，20（4）：590-598．

［9］ 董斌，崔远来，李远华．水稻灌区节水灌溉的尺度效应［J］．水科学进展，2005，16（6）：833-839．

［10］ 代俊峰．基于分布式水文模型的灌区水管理研究［D］．武汉：武汉大学，2007．

［11］ 代俊峰，崔远来．灌溉水文学及其研究进展［J］．水科学进展，2008，19（2）：294-300．

［12］ 邓祖涛，陆玉麟．长江流域城市人口分布及空间相关性研究［J］．人口与经济，2007（4）：7-12．

［13］ 冯保清．推动用水户参与灌溉管理促进灌区良性运行［J］．中国水利，2003（3）：52、66．

［14］ 冯保清．我国不同分区灌溉水有效利用系数变化特征及其影响因素分析［J］．节水灌溉，2013（6）：29-32．

［15］ 冯保清，崔静．全国纯井灌区类型构成对其灌溉水有效利用系数的影响分析［J］．灌溉排水学报，2013，33（3）：50-53．

［16］ 冯保清，韩振中．全国灌溉水有效利用系数测算分析网络构建方法与实践［J］．中国水利水电科学研究院学报，2013，11（2）：14-18．

［17］ 高传昌，张世宝，刘增进．灌溉渠系水利用系数的分析与计算［J］．灌溉排水，2001，20（3）：50-54．

［18］ 高峰，黄修桥，王景雷，等．渠道防渗与灌溉用水有效利用系数关系分析［J］．中国水利，2009（3），22-24．

[19] 高峰，黄修桥，王景雷，等. 灌区渠道衬砌与节水效果分析［C］//段爱旺，黄修桥. 中国粮食安全与农业高效用水研究. 郑州：黄河水利出版社，2009.

[20] 高峰，赵竞成，许建中，黄修桥，倪文进，李英能，王景雷. 灌溉水利用系数测定方法研究［J］. 灌溉排水学报，2004，1：14－20.

[21] 国家发展和改革委员会，水利部，住房和城乡建设部. 水利发展规划（2011—2015 年）（发改农经〔2012〕1618 号）［R］，2012.

[22] 国务院. 关于实行最严格水资源管理制度的意见（国发〔2012〕第 3 号）［R］，2012.

[23] 国务院办公厅. 关于印发实行最严格水资源管理制度考核办法的通知（国办发〔2013〕2 号）［R］，2013.

[24] 郭元裕. 农田水利学［M］. 北京：中国水利水电出版社，1997.

[25] 胡克林，李保国，陈德立，等. 区域浅层地下水埋深和水质的空间变异型特性［J］. 水科学进展，2000，11（4）：408－412.

[26] 胡克林，李保国，陈德立. 农田土壤水分和盐分的空间变异型及其协同克立格估值［J］. 水科学进展，2001，12（4）：460－466.

[27] 胡远安，程声通，贾海峰. 非点源模型中的水文模拟——以 SWAT 模型在芦溪小流域的应用为例［J］. 环境科学研究，2003，16（5）：29－36.

[28] 韩振中，冯保清. 灌溉用水效率测算分析与评估［J］. 中国水利，2016（23）：36－40.

[29] 韩振中，裴源生，李远华，等. 灌溉用水有效利用系数测算与分析［J］. 中国水利，2009，3：11－14.

[30] 刘春成，朱伟，庞颖，等. 区域灌溉水利用率影响主因分析［J］. 灌溉排水学报，2013，32（4）：40－43.

[31] 雷声隆，高峰. 灌区渠道防渗工程规划研究［J］. 灌溉排水学报，2003，4：6－11.

[32] 刘杏梅，徐建民. 太湖流域土壤养分空间变异特性分析［J］. 浙江大学学报（农业与生命科学版），2003，29（1）：76－82.

[33] 李远华，董斌，崔远来. 尺度效应及其节水灌溉策略［J］. 世界科技研究与发展，2005，27（6）：31－35.

[34] 李英能. 采用"首尾测算法"确定灌溉用水有效利用系数是一个突破［J］. 中国水利，2009，3：8－9.

[35] 孔东，冯保清，郭慧滨，等. 典型区灌溉用水有效利用系数比较分析［J］. 中国水利，2009，3：25－27.

[36] 茆智. 节水潜力分析要考虑尺度效应［J］. 中国水利，2005（15）：14－15.

[37] 裴源生，张金萍，赵勇. 宁夏灌区节水潜力的研究［J］. 水利学报，2007，38（2）：239－248.

[38] 沈荣开，杨路华，王康. 关于以水分生产率作为节水灌溉指标的认识［J］. 中国农村水利水电，2001（5）：9－11.

[39] 水利部. 全国农田灌溉水有效利用系数测算分析技术指导细则［R］，2012.

[40] 沈荣开，张瑜芳，杨金忠. 内蒙河套引黄灌区节水改造中推行井渠结合的几个问题［J］. 中国农村水利水电，2001（2）：16－19.

[41] 沈小谊，黄永茂，沈逸轩. 灌区水资源利用系数研究［J］. 中国农村水利水电，2003（1）：21－24.

[42] 沈逸轩，黄永茂，沈小谊. 年灌溉水利用系数的研究［J］. 中国农村水利水电，2005

(7)：7 - 8.

[43] 沈振荣，汪林，于福亮，等．节水新概念—真实节水的研究与应用 [M]．北京：中国水利电力出版社，2000.

[44] 田娟，郭宗楼，姚水萍．灌区灌溉管理质量指标的综合因子分析 [J]．水科学进展，2005，16（2）：284 - 288.

[45] 许建中，赵竞成，高峰，等．灌溉水利用系数综合测定法 [J]．中国水利，2004，7：45 - 47.

[46] 许建中，赵竞成，高峰，等．灌溉水利用系数传统测定方法存在问题及影响因素分析 [J]．中国水利，2004，17：39 - 41.

[47] 许建中，赵竞成，高峰，等．灌溉水利用系数综合测定法实例分析 [J]．中国农村水利水电，2005，1：55 - 58.

[48] 徐英，陈亚新．土壤水盐特性空间变异的各向同性近似探讨 [J]．灌溉排水学报，2003，22（4）：14 - 17.

[49] 徐英，陈亚新，王俊生，等．农田土壤水分和盐分空间分布的指示克里格分析评价 [J]．水科学进展，2006，17（4）：478 - 482.

[50] 汪富贵．大型灌区灌溉水利用系数的分析方法 [J]．武汉水利电力大学学报，1999，32（6）：28 - 31.

[51] 王会肖，刘昌明．作物水分利用效率内涵及研究进展 [J]．水科学进展，2000，11（1）：99 - 104.

[52] 王景雷，吴景社，齐学斌，等．节水灌溉评价研究进展 [J]．水科学进展，2002，13（4）：521 - 525.

[53] 谢柳青，李桂元，余健来．南方灌区灌溉水利用系数确定方法研究 [J]．武汉大学学报（工学版），2001，34（2）：17 - 19.

[54] 熊佳，崔远来，谢先红．灌溉水利用效率的空间分布特性及等值线图研究 [J]．灌溉排水学报，2008，27（6）：1 - 5.

[55] 谢先红，崔远来，顾世祥．区域需水量和缺水率的空间变异性 [J]．灌溉排水学报，2007，26（1）：9 - 13.

[56] 叶泽纲，汪娜娟．降水特性空间变异性初步研究 [J]．水利学报，1994（12）：7 - 13.

[57] 张朝生，章申，何建邦．长江水系沉积物重金属含量空间分布特征研究-空间自相关与分形方法 [J]．地理学报，1998，53（1）：87 - 95.

[58] 朱会义，刘述林，贾绍凤．自然地理要素空间插值的几个问题 [J]．地理研究，2004，23（4）：425 - 432.

[59] 张仁铎．空间变异理论及应用 [M]．北京：科学出版社，2005.

[60] 中国灌溉排水发展中心．全国现状灌溉水利用系数测算分析报告 [R]．2007，9.

[61] 中共中央　国务院．关于加快水利改革发展的决定 [EB/OL]．（2010 - 12 - 31）．http//www. gov. cn/gongbao/content/2011/content_1803158.

[62] 朱伟，刘春成，冯保清，等．"十一五"期间我国灌溉水利用率变化分析 [J]．灌溉排水学报，2013，32（2）：26 - 29.

[63] 中国灌溉排水中心．农村水利技术术语：SL 56—2005 [S]．北京：中国水利水电出版社．

[64] 中国灌溉排水中心．灌溉水利用率测定技术导则：SL/Z 699—2015 [S]．北京：中国

水利水电出版社．

[65] BASTIAANSSEN W G M, MOLDEN D, THIRUVENGADACHARI S, et. al. Remote sensing and hydrologic models for performance assessment in Sirsa Irrigation Circle, India [R]. Research Report No. 27, IWMI, Colombo, Sri Lanka, 1999: 29.

[66] BOUMAN B A M, KROPFF M J, WOPPEREIS M C S, et. al. ORYZA2000: modeling lowland rice [M]. Los Baños (Philippines): International Rice Research Institute, and Wageningen University and Research Centre. 2001: 235.

[67] BURT C M, CLEMMENS A. J, STRELKOFF T S, et al. Irrigation performance measures: efficiency and uniformity [J]. J. Irrig and Drain Engrg, ASCE, 1997, 123 (6): 423 – 442.

[68] DAM V J C, HUYGEN J, WESSELING JG, et al. User's Guide of SWAP Version 2.0, Simulation of Water Flow, Solute Transport and Plant Growth in the Soil – Water – Atmosphere – Plant Environment [M]. Wageningen: Department of Water Resources, Wageningen Agricultural University, Technical Document 45, 1997.

[69] DROOGERS P. and GEOFF K. Estimating productivity of Water at Different Spatial Scales Using Simulation Modeling [R]. Research Report No. 53, Colombo, Sri Lanka, 2001: 16.

[70] EINAX J W, SOLDT U. Multivariate geostatistical analysis of soil contaminations [J]. Fresenius' Journal of Analytical Chemistry, 1998, 361 (1): 10 – 14.

[71] ELHASSAN A M, GOTO A, MIZUTANI M. Effect of conjunctive use of water for paddy field irrigation on groundwater budget in an alluvial fan [C] //Guanhua Huang, Luis S. Land and Water Management: Decision tools and practices. Beijing: China Agriculture Press, 2004: 20 – 28.

[72] GUERRA L C, BHUIYAN S I, TUONG T P, et al. Producing more rice with less water from irrigated systems [M]. SWIM Paper No. 5. IWMI/IRRI, Colombo, Sri Lanka, 1998: 24.

[73] HART W E, SKOGERBOE G V, PERI G, et al. Irrigation performance: an evaluation [J]. J. Irrig and Drain Engrg, ASCE, 1979, 105 (3): 275 – 288.

[74] ISRAELSEN O W. Irrigation Principles and Practices [M]. New York: John Wiley and Sons, Inc., 1950: 471.

[75] JENSEN M E. Water conservation and irrigation systems [C]. Proceedings of the Climate – Technology Seminar, Colombia, Missouri, October 25 – 26, 1977: 208 – 250.

[76] KELLER A. A, KELLER J. Effective efficiency: A water use efficiency concept for allocating freshwater resources [R]. Water Resources and Irrigation Division, Discussion Paper 22, Winrock International, Arlington, VA, 1995: 19.

[77] KELLER A A, SECKLER DW, KELLER J. Integrated Water Resource Systems: Theory and Policy Implications [R]. Research Report No. 3, IWMI, Colombo, Sri Lanka, 1996: 14.

[78] KLOEZEN W H, GARCES R C. Assessing irrigation performance with comparative indicators: The case of the Alto Bio Lerma Irrigation District, Mexico [R]. Research Report No. 22, IWMI, Colombo, Sri Lanka, 1998: 39.

[79] LANKFORD BA. Localising irrigation efficiency [J]. Irrigation and Drainage, 55 (2006): 345 – 362.

[80] MARINUS G B. Standards for irrigation efficiencies of ICID [J]. J. Irrig and Drain Engrg, ASCE, 1979, 105 (1): 37 – 43.

[81] MCCARTNEY M P, LANKFORD B A, MAHOO H. Agricultural water management in a water stressed catchment: Lessons from the RIPARWIN Project [R]. Research report No. 116, IWMI, Colombo, Sri Lanka, 2007: 46.

[82] MOLDEN D. Accounting for water use and productivity [M]. SWIM Paper No. 1, IWMI, Colombo, Sri Lanka, 1997: 16.

[83] MOLDEN D, SAKTHIVADIVEL R, CHRISTOPHER J, et al. Indicators for comparing performance of irrigated agricultural systems [R]. Research Report No. 20, IWMI, Colombo, Sri Lanka, 1998: 29.

[84] PERRY C J. Efficient irrigation; inefficient communication; flawed recommendations [J]. Irrigation and Drainage, 56 (2007): 367 – 378.

[85] PERRY C J. The IWMI water resources paradigm – definitions and implications [J]. Agricultural Water Management, 40 (1999): 45 – 50.

[86] Rezaur R B, Rahardjo H, Leong E C. Spatial and Temporal Variability of Pore – Water Pressures in Residual Soil Slopes in A Tropical Climate [J]. Earth Surface Processes and Landforms. 2002 (27): 317 – 338.

[87] SECKLER D. The new era of water resources management: From "dry" to "wet" water savings [R]. Research Report No. 1, IWMI, Colombo, Sri Lanka, 1996: 17.

[88] SOPHOCLEOUS M, PERKINS P P. Methodology and application of combined watershed and ground – water models in Kansas [J]. Journal of Hydrology, 2000, 236 (3 – 4): 185 – 201.

[89] US Interagency Task Force. Irrigation Water Use and Management [R]. US Gov't. Printing Office: Washington DC, USA; 1979: 143.

[90] WILLARDSON L S, ALLEN R G, FREDERIKSEN H, et al. Universal fractions and the elimination of irrigation efficiencies [C]. Paper presented at the 13th Technical Conference of the US Committee on Irrigation and Drainage, Denver, Colorado, October 19 – 22, 1994: 15.

[91] WOLTERS W. Influences on the efficiency of irrigation water use [M]. International Institute for Land Reclamation and Improvement (IILRI). Publications No. 51, Wageningen, The Netherlands, 1992: 150.

[92] ZOEBL D. Is water productivity a useful concept in agricultural water management [J]. Agricultural Water Management, 84 (2006): 265 – 273.